基于互穿网络聚合体堵剂的封堵技术

王增宝　黄维安　白英睿　著

中国石化出版社

内 容 提 要

本书详细阐述了油田堵剂研究现状与发展动态，并分析当前油田堵剂存在的问题与发展方向。全书以“互穿网络聚合体堵剂”“封堵技术”为关键词，系统介绍了多种互穿网络聚合体堵剂的制备方法、表征手段与性能指标，详尽分析了互穿网络聚合体弹性颗粒与多孔介质孔喉、微裂缝的封堵匹配关系、封堵作用机制与封堵调控机理。此外，还介绍了互穿网络聚合体堵剂封堵孔喉、微裂缝的调控方法，为油田调堵作业提供理论依据，为提高施工的成功率提供技术支撑。本书介绍的封堵技术不仅可以应用于多孔介质与裂缝储层的调剖堵水领域，也可应用于储层屏蔽暂堵保护、压裂暂堵转向、钻井工程防漏堵漏等技术领域。

本书可供从事调剖堵水、储层保护等石油工程行业的科研设计人员、技术管理人员参考阅读，同时可作为石油高等院校相关专业师生的参考书。

图书在版编目(CIP)数据

基于互穿网络聚合体堵剂的封堵技术 / 王增宝，黄维安，白英睿著. —北京：中国石化出版社，2022. 7
ISBN 978-7-5114-6794-2

Ⅰ. ①基… Ⅱ. ①王… ②黄… ③白… Ⅲ. ①封堵剂 Ⅳ. ①TE256

中国版本图书馆 CIP 数据核字(2022)第 130442 号

中国石化出版社出版发行

地址：北京市东城区安定门外大街 58 号
邮编：100011 电话：(010)57512500
发行部电话：(010)57512575
http://www. sinopec-press. com
E-mail：press@ sinopec. com
北京捷迅佳彩印刷有限公司印刷
全国各地新华书店经销

*

710×1000 毫米 16 开本 9. 75 印张 6 彩页 156 千字
2022 年 7 月第 1 版 2022 年 7 月第 1 次印刷
定价：68. 00 元

前言

我国油田已总体上进入了高含水、高采出程度开发阶段。由于油藏长期被注入水冲刷，油藏非均质性加剧，导致各油田普遍存在注入流体波及系数较低，提高采收率不理想的问题。堵水调剖技术一直是油田改善注水开发效果、实现油藏稳产的有效手段。我国堵水调剖技术已有六十余年的研究与应用历史，在油田不同的开发阶段发挥着重要作用。弹性颗粒类堵剂有“进得去、堵得住、能移动”的突出特点，对地层自适应封堵效果更好，应用日趋广泛。但常规柔性颗粒在地层运移过程中易被剪切破碎，影响封堵强度。不仅如此，由于高温、高盐等苛刻条件，以及随着非常规油气等的不断开发，对堵剂性能也提出了更高的要求。互穿网络聚合物是由两种或多种各自交联和相互穿透的聚合物网络组成的高分子共混物，通过“强迫互容”作用能使具有不同功能的聚合物形成稳定的结合体，使其在性能上具有协同作用，可以改善提升堵剂的性能。

对于颗粒类堵剂而言，除了堵剂本体性能的提升，颗粒粒径与地层孔径/微裂缝相匹配同样重要，如不在合理匹配区间，就会出现“进不去”或“堵不住”的情况。当前颗粒堵剂在多孔介质地层与裂缝储层中的运移、封堵、架桥规律也不够明确，与地层孔喉、裂缝开度的封堵匹配关系研究也不统一，制约着颗粒堵剂的有效应用。

本书前面对油田堵剂研究现状与发展动态进行了详细阐述，分析了存在问题与发展方向，介绍了互穿网络聚合体应用于堵剂的可行性，并进一步对互穿网络聚合体堵剂的制备方法、性能表征进行了阐述；然后详尽分析了互穿网络聚合体弹性颗粒与多孔介质孔喉、微裂缝的封堵匹配关系、封堵作用机制与封堵调控机理，并提出了互穿网络聚合体堵剂封堵孔喉、微裂缝的调控方法，可为油田调堵作业提供理论依据，为提高施工的成功率提供技术支撑。基于互穿网络聚合体堵剂性能特性，其不仅可以应用于多孔介质与裂缝储层的调剖堵水领域，也可应用于储层屏蔽暂堵保护、压裂暂堵转向、钻井工程防漏堵漏等技术领域，同时颗粒粒径与孔喉、裂缝的封堵匹配方法也可为以上领域的应用提供技术支撑。

本书由王增宝负责策划、统稿并审校，其中第 1 章 2~4 节由黄维安、白英睿、王增宝撰写，其余部分由王增宝负责撰写。

由于笔者水平有限，本书难免存在错误与不足之处，敬请广大读者批评指正。

目录

第1章　油田堵剂研究现状与发展动态

堵水调剖技术一直是油田改善注水开发效果、实现油藏稳产的有效手段，其关键是堵剂。柔性颗粒可变形运移实现深部调驱，应用广泛，但其性能不能满足苛刻条件油藏封堵。其次，颗粒堵剂粒径必须与地层孔径相匹配才有好的封堵效果，当前弹性颗粒堵剂与地层的封堵匹配关系尚不统一，封堵运移机制需要进一步完善。本章调研分析了油田调剖堵水技术、互穿网络聚合体堵剂、颗粒堵剂封堵匹配关系的国内外研究现状及存在问题，认为互穿网络弹性颗粒堵剂是未来调剖堵水技术发展的一个方向。

1.1　调剖堵水研究现状与存在问题

随着油田注水开发的进行，油藏非均质性加剧，严重影响了开采效果。调剖堵水技术作为改善波及系数的重要手段，具有举足轻重的地位。以我国为例，仅中国石油天然气股份有限公司(中国石油)所属油田近年来的堵水调剖作业每年就达到了2500~3000井次的规模，每年增产原油超过50万t[1]，为油田注水开发后期提高采收率提供了重要的技术支撑。

1.1.1　调剖堵水发展历程

国外早期使用非选择性的水基水泥浆堵水，后来发展为应用原油、黏性油、憎水的油水乳化液、固态烃溶液和油基水泥等作为选择性堵剂，1974年Nedham等人指出，利用聚丙烯酰胺在多孔介质中的吸附和机械捕集效应可有效地封堵高含水层，从而使化学堵水调剖技术的发展进入了新的阶段[2,3]。20世纪90年代，独联体各国对聚丙烯腈堵水研究广泛，同时也采用有机硅、水泥、泡沫及化工副产品作为堵剂。美国则以聚丙烯酰胺冻胶为主，也采用生物聚合物、水玻璃、油基水泥及微细水泥堵剂。进入21世纪后，国外调剖堵水研究重点则是调剖堵水措施与工艺研究与优化，堵水剂研究发展方向为耐高温和适应不同地质储层的系列调剖剂产品。

我国堵水调剖技术的研究与应用可追溯到20世纪50年代末[3]，从1957年玉门油田开展油井堵水试验、1961年大庆油田开展注水井调剖试验至今，我国油田堵水调剖技术已经历65年的发展历程，其堵水调剖技术的发展主要经历了以下6个发展阶段[4]。

① 20世纪50至60年代：油井堵水为主，堵剂材料主要是水泥、树脂、活性稠油、水玻璃/氯化钙等。20世纪50年代堵水技术开始研究并现场应用。玉门油田最早研究和应用堵水技术，1957年开始封堵水层的研究和试验，1957年至1959年6月堵水66井次，成功率61.7%。

② 20世纪60至70年代：同时发展了机械堵水与化学堵水。60年代初至70年代为机械堵水发展阶段。大庆油田在堵水封隔器及其配套工具应用方面做了大量研究并取得重要成果，形成一套采油井机械堵水技术，并在现场进行推广应用。此外，大庆、胜利、华北、江汉、辽河、新疆等各油田都大面积推广应用封隔器及其配套的井下管柱卡堵高含水层，取得了降水增油的好效果。该阶段发展的化学堵水调剖剂以强凝胶堵剂为主，作用机理多为物理屏障式堵塞。

③ 20世纪70至80年代：化学堵水蓬勃发展。80年代初，胜利油田与中国科学院合作，研究成功部分水解聚丙烯酰胺(HPAM)-甲醛交联冻胶堵水技术，并进行了现场应用，这是我国首次将水溶性聚合物交联冻胶用于油井堵水，对促进我国化学堵水技术的发展有重要作用。此后，铁、铝、钛等多价金属离子交联剂，甲撑基双丙烯酰胺、乌洛托品、树脂等有机交联剂与HPAM交联冻胶先后在油田应用。其他水溶性聚合物，如聚丙烯腈、木质素磺酸盐、黄原胶等在油田堵水中也相继应用，增油降水效果显著。1980年1月21日—28日，原石油部开发司在石家庄召开第1次全国油田堵水会议。会议除由各油田汇报堵水工作、交流技术外，还组成了全国油田堵水协调组，协调组每年召开堵水工作会议，每两年开一次全国油田堵水技术交流会。这对推动全国油田堵水技术的发展起了重要作用。1983年石油部首次组织油田堵水技术考察团赴美国考察。通过几年的研究和攻关，并借鉴学习先进经验，

我国的化学堵水技术有了很大发展，化学堵水剂已发展了近百个品种，基本满足我国堵水调剖的要求，其中深部调剖(调驱)及相关技术得到快速发展，以区块综合治理为目标。

④ 20 世纪 80 年代中期至 90 年代末期：由油井堵水发展为以注水井调剖为主、堵水调剖并举。1985 年在大连举办的第 4 次全国堵水会议明确提出了油田控水新理念：要有效控制油田出水，不仅要在油井堵水方面做工作，而且更重要的是在注水井调整吸水剖面(调剖)上下功夫，调剖对地层的影响面更大，能更好地改善开发效果。从此调剖技术的研究和应用快速发展。TP-910调剖技术先后在辽河、河南、胜利油田矿场试验成功，然后推向各油田；水玻璃-氯化钙、铬交联聚丙烯酰胺、木质素冻胶等在初期调剖中起了先导作用。在 20 世纪 90 年代初中期调剖技术的研究和应用进入了鼎盛时期。调剖方式由单井调剖发展为油水井对应调堵，进而发展为区块综合调堵；调堵方案设计由经验发展到物模和数模相结合的软件设计；施工设备也研究了专用撬装式大型施工泵及在线施工装置等。

⑤ 21 世纪初至 10 年代中期：深部调剖技术上了一个新台阶，将油藏工程技术和分析方法应用到改变水驱的深部液流转向技术中。处理目标是整个油藏，作业规模大、时间长。深部调驱、“2+3”技术、深部液流转向、微球调驱以及水平井控水技术得到发展。随着油田开发进入高含水特高含水阶段，油藏孔隙结构、油层物性不断发生改变，常规的堵水调剖技术已不适应，深部调驱技术、“2+3”技术、深部液流转向技术、微球调驱技术等应运而生，使我国堵水调剖技术的发展进入一个新阶段。经过近年来的深化研究，聚丙烯酰胺弱冻胶调驱技术、预交联体膨颗粒调驱技术、微球调驱技术等比较成熟，应用规模较大。随着水平井规模应用，开发生产中出现了含水上升快、产量递减快等问题，促进了水平井控水技术的研究和发展。深部调驱技术已经成为我国高含水油田二次开发，改善水驱开发效果提高采收率的一项重要技术。

⑥ 近十年以来，弱凝胶[5,6]、胶态分散凝胶(CDG)[7,8]、体膨颗粒[9,10]、互穿网络弹性颗粒[11]等深部调剖(调驱)技术蓬勃发展，为我国高含水油田改善水驱开发效果、提高采收率发挥着重要作用。随着近年来石油行业油气开发朝着深水、深地、非常规方向发展，对调剖堵水剂在耐温耐盐方面要求更

高，学科交叉融合开发新型堵水剂正在不断加深。不仅如此，超大裂缝、溶洞封堵、钻井堵漏等也对堵剂提出更高要求。

1.1.2 调剖堵水技术

(1) 机械调剖堵水

在油井井筒内使用分隔器将水层位卡开，阻止水流入井内的方法称为机械堵水法。在注水井利用封隔器和配水器，针对油井每个吸水层进行分层配水，为机械调剖。机械调剖堵水一般是“治标不治本”，通常配合化学调剖堵水技术进行。

1) 机械分层堵水技术[4]

20世纪60年代，大庆首先研制成功油井分层开采水力自封式551型封隔器、水力密闭式651型封隔器和625型配产器，并投入现场应用。油井机械堵水技术作为分层开采技术的延伸，也开始在油田出现。同时期，胜利油田研制出自喷井桥式配产器油管支撑堵水管柱。

注水开发生产初期低含水阶段(含水<30%)，由于渗透率的差异，注入水在纵向及平面上流动很不均衡，形成水窜，出现了层间、层内、平面三大矛盾，为此开始研究应用了分层采油工艺，形成了以551型油井封隔器和625型同心活动式配产器为主的分层采油工艺。分层配产工艺基本解决了由于渗透率差异而造成的层间及平面上产能不均衡的矛盾，达到均衡开采的目的。

注水开发中含水阶段(含水30%~60%)，注入水沿高渗透层突进加剧，油井多层见水，主力油层含水上升快，挖潜越来越困难。为提高工艺成功率、测试调配效率、分采层段数，研制了机械压缩式752型和755型封隔器、635型偏心配产器，逐渐取代机械挤压式(851型)封隔器，配产器由635型偏心配产器取代625型同心活动式配产器，工艺成功率达90%以上。基本达到了中含水期开采控制含水上升的目的。

注水开发高含水阶段(含水60%~80%)，大部分油井已经多层多方向见水，不但主力油层高含水，非主力油层中偏好的油层也高含水，堵水的井或层越来越多。油井由自喷逐渐转变为机械采油，为此开发了645型滑套式堵水器、丢手分采管柱、可钻式封隔器和插入管柱。堵水管柱由整体式转变为丢手分采或分堵管柱，配产工艺逐渐转变为滑套堵水工艺。丢手管柱克服了整体管柱上下蠕动、影响封隔器的密封性能、堵水效果差的缺点，降低了检泵作业费用和劳动强度。滑套堵水解决了级数多、不动管柱可任意调整堵水层位的问题。工艺成功率在90%以上，堵水有效率达76%。

2）机械细分层堵水技术

高含水后期(含水>80%)开采以来，层间和平面矛盾十分突出，对堵水提出更高要求：在实现细分的前提下，既能堵得住，又能解得开。同时，堵水还必须与三次采油技术相衔接配套。

① 机械式可调层堵水技术：

主要由KHT-90滑套开关、Y341-114封隔器等井下工具组成。其工作原理为：堵水管柱油套通道是靠滑套开关控制；工作筒采用“桥式”通道的结构，使管内上、下与油套分流，侧向有2个直径15mm的孔作为油套液流通道；滑套开关可以多级使用，一次下入电动开关测试仪即可完成井下任意一级滑套开关的开关动作，与地面仪表配合完成相应层段产液量及含水率的计量，可以实现任意堵水层段的反复调整。由于调层操作相对较复杂，在一定程度上影响了调层成功率。

② 液压式可调层堵水技术：

该技术适用于各种泵抽管柱，包括抽油机、电泵、螺杆泵等管柱。堵水器可以多级使用，可实现一次调多层的目的，但不能反复调层。

③ 重复可调层堵水技术：

通过油套环形空间憋压，单流阀关闭油流通道，压力通过上中心管的传压通道推动活塞下行触发滑套开关一次，调整各个层段堵水器的开关状态，封堵或打开进液通道。在重复可调堵水器中，采用了开关排列组合的方法，下井后初始状态为全关，每打压一次，可得到一种堵水方案所要求的组合状态，从而实现3层段8方案重复可调层堵水，进一步提高了堵水有效率，延长了有效期，适用于各种泵抽管柱。

3）机械堵水新技术

① 水平井重复可调机械找水堵水工艺：

该技术由大庆油田研发。通过井口打压改变每级可调堵水器的开关状态，一趟管柱实现水平井分层找水、堵水以及堵水方案的多次变更，变更堵水方案时无须起下管柱作业，不受上部举升管柱的限制。管柱中所有需解封的工具均采用上提管柱解封方式，当需要起出堵水管柱时，用油管下入专用打捞锚，捞住丢手封隔器的打捞部分，上提管柱，解封各级封隔器和扶正器。

② 电控机械找水堵水工艺[12]：

此技术由辽河油田研发。要求用双管井口，一根油管下泵，一根油管下电缆，应用磁定位确定工具在井内的位置。通过对抽油泵井口出液取样判断产层是否为出水层，依次检验各产层的出水情况。完成找水操作后，将所有出水层的电动开关关闭，将油层的开关打开，完成堵水操作。

③ 遇油遇水自膨胀封隔器水平井堵水工艺：

自膨胀封隔器作为一种新型的封隔器，可根据地层不同的油气含量、井筒条件、作业要求，在井下遇油或水自主膨胀来封隔地层。该封隔器能够适应不规则裸眼形状，膨胀胶筒贴紧井壁，无需靠管柱重力或加压等方式坐封，最终实现油井分层分段效果[13]。

④ 低渗水平井智能机械找水堵水工艺：

长庆油田研究设计了机械分段卡封逐层生产测试找水工艺。其工艺原理是，采用封隔器将水平射孔段密封卡开，每个层段对应安装 1 套智能开关器，智能开关器在地面设定开关采集时间，在井下定时开启和关闭，地面抽油机连续生产，地下单层采油，求出各段产液量、含水率、压力及温度等数据。对于水平井多段间隔出水情况，采用多级机械封隔器组合堵水管柱卡封见水层段，通过多级桥式单流阀生产油层段[14]。至 2018 年底，低渗水平井智能机械找堵水工艺在长庆油田实施约 150 口井，效果较好。

（2）化学调剖堵水技术

化学调剖堵水技术是在高含水层中注入化学剂，降低高渗地带地层的水相渗透率或提高高渗地层的流动阻力来实现提高采收率。

化学调剖堵水技术的关键是堵剂。目前，根据各类油藏条件已研制出近百种堵水调剖用剂，按其作用机理大致可分为聚合物冻胶类、凝胶类、颗粒类、泡沫类、树脂类、沉淀类、乳化稠油类和微生物类等 8 大类，以满足不同油藏条件、不同措施目的及不同工艺条件的需求。

1）聚合物冻胶类

聚合物冻胶是由高分子溶液在交联剂作用下形成的具有网状结构的物质，因其含液量很高(体积分数通常大于 98%)，胶凝后类似于冻胶而得名。该类

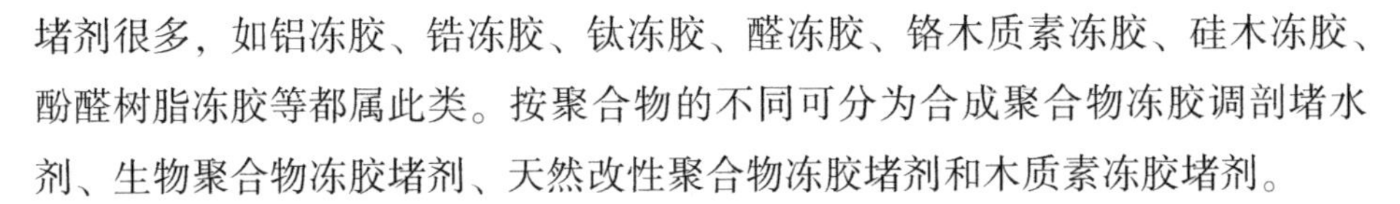

堵剂很多，如铝冻胶、锆冻胶、钛冻胶、醛冻胶、铬木质素冻胶、硅木冻胶、酚醛树脂冻胶等都属此类。按聚合物的不同可分为合成聚合物冻胶调剖堵水剂、生物聚合物冻胶堵剂、天然改性聚合物冻胶堵剂和木质素冻胶堵剂。

2）凝胶型堵剂

凝胶是固态或半固态的胶体体系，由胶体颗粒、高分子或表面活性剂分子互相连接形成的空间网状结构，结构孔隙中充满了液体，液体被包在其中固定不动，使体系失去流动性，其性质介于固体和液体之间。凝胶分为刚性凝胶和弹性凝胶两类。常见的凝胶型堵剂有硅酸凝胶、铝酸凝胶和氢氧化铁凝胶等。硅酸凝胶在油田的应用较为广泛。三价铁的化合物通过就地水解转变成凝胶，然后通过就地絮凝或自发老化被固定，这种三价铁凝胶在地层中具有很好的稳定性。该堵剂的优点是具有一定的选择性，适用于低渗透层。

3）颗粒类堵剂

颗粒类堵剂范围宽泛，所有可注入地层的颗粒都可作为颗粒类堵剂进行使用。从颗粒类堵剂是否吸水膨胀来分类，可分为非体膨颗粒类堵剂与体膨颗粒类堵剂。按照颗粒是否可变形的特性进行分类，可分为刚性颗粒堵剂与弹性颗粒堵剂两类。

无机颗粒是最常见的非体膨颗粒类堵剂，往往也是刚性颗粒堵剂。最早得到应用的无机颗粒堵水剂是水泥类堵水剂。水泥类堵剂强度高，价格便宜，缺点是由于水泥的凝固较快，进入油层深度很浅，且对非目的层污染严重，甚至会把整个油层堵死。黏土颗粒调堵剂在无机颗粒堵剂中占有重要地位。该类堵剂价格便宜、来源广、耐温耐盐性强，使用方便，如硅土胶泥调堵剂（黏土起填料作用）、陶土水泥浆调堵剂、混油泥浆堵水剂、膨润土榆树皮粉调剖剂、潍坊钠土单液法调剖剂等。工厂废料中，粉煤灰、含油污泥等可以制成调堵剂。这类调堵剂材料价格便宜，膨胀性弱，与油藏配伍性好，又解决了一定的环境问题，因此具有较好的应用前景。

体膨颗粒堵剂是近二十年发展起来的一种调堵剂。该系列调堵剂由单体、交联剂以及其他添加剂在地面聚合交联，然后经过造粒、烘干、粉碎、筛分等工艺加工而成。由于是地面条件下交联，因此避免了地层条件如温度、矿化度、pH 值和剪切对成胶的不利影响；同时，该类颗粒能够选择性进入大孔道，且能通过变形或破碎作用进入地层深部，因此有较好的深部调剖性能。

4）泡沫类堵剂

泡沫由于其独特结构，通过地层孔隙时，泡沫的液珠发生形变，对液体流动产生阻力，即贾敏效应。这种阻力可以叠加，从而使目的层发生堵塞，改变主要水流方向的水线推进速度和吸水量，提高注入水的波及体积。具有静液柱压力低、滤失量小、携砂性能好、助排能力强、对地层伤害少等良好特性。被广泛应用于油田驱油、调剖、堵水，是一种有潜力的深部调驱技术。在水井调剖中使用的泡沫主要是二元复合泡沫、三元复合泡沫、蒸汽泡沫、冻胶泡沫等。该类调剖剂的优点是具有良好的选择性，缺点是施工工艺复杂、有效期短。常规泡沫堵水强度弱，逐渐发展了三相高强度泡沫、冻胶泡沫、树脂泡沫等堵水剂体系。

5）树脂类堵剂

树脂类堵剂是指由低分子物质通过缩聚反应生成的体型不溶解、不熔化的高分子物质堵剂。虽然这类堵剂的强度极高，可将高渗透层或大孔道堵死，但由于成本高且缺乏选择性、误堵后解堵非常困难，目前已较少应用，通常用来做其他堵水剂的封口剂。

6）沉淀类堵剂

通过注入化学剂在地层中形成沉淀对高渗层产生机械堵塞。沉淀型堵剂双液法是由两种能反应生成沉淀的物质组成，如 $Na_2O \cdot mSiO_2+CaCl_2$、$Na_2 \cdot mSiO_2+FeSO_4$、$Na_2O \cdot mSiO_2+FeCl_3$。$Na_2O \cdot mSiO_2$ 可以由 NaOH 在地层产生，例如可以将 NaOH 与两性离子（Al^{3+}）注入地层，NaOH 先与地层中的石英反应生成 $Na_2O \cdot mSiO_2$，然后再与 Al^{3+} 反应生成沉淀，堵塞地层。沉淀型堵剂其特点是：封堵强度高；剪切稳定性好，不存在聚合物堵剂的剪切降解问题；热稳定性高，可用于任何高温地层；化学稳定性好，单独存在时大多数为很稳定的物质；生物稳定性好，不受微生物的影响。

7）乳化稠油类堵剂

乳化稠油堵水又称活性稠油堵水。注入油井的堵剂为加有适量油包水乳化剂的高黏度稠油，即活性稠油。活性稠油在高压下泵入油井地层，进入油流孔道后溶于地层而从油井采出进入水流孔道后与地层水或注入水混合而乳化，形成油包水乳状液，其黏度大幅度上升，可通过以下机理产生堵水作用。乳化后的稠油被水流切割形成球状，在水流孔道的孔喉部造成物理堵塞。稠

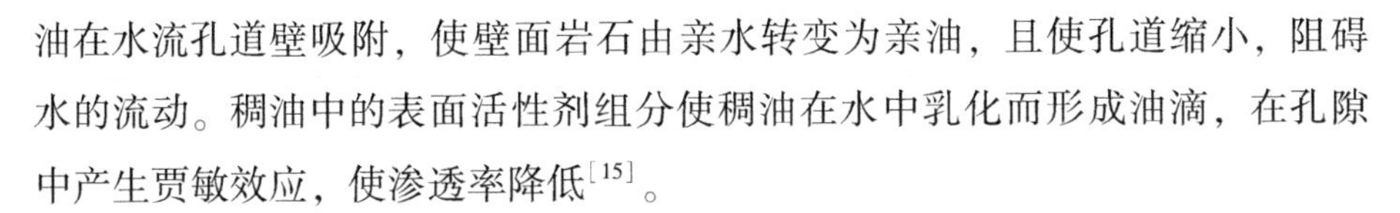

油在水流孔道壁吸附，使壁面岩石由亲水转变为亲油，且使孔道缩小，阻碍水的流动。稠油中的表面活性剂组分使稠油在水中乳化而形成油滴，在孔隙中产生贾敏效应，使渗透率降低[15]。

8）微生物类堵剂

微生物体系调堵机理为：一是依靠细菌大量繁殖，堵塞油藏多孔介质；二是合成多糖起到深部调堵作用。适用于低渗透油藏，流体流速不易过快，多数报道的油藏渗透率均在 $0.5\times10^{-3}\ \mu m^2$ 以下[16]。国外，DOE[17] 针对北 Blowhorn Creek 油田开展激活内源微生物调堵试验，现场钻取岩心发现很多新生细胞，并且发现采出的油中小分子烃增加，说明有“新”油采出，这是扩大水驱波及体积的证据。依靠微生物代谢产生多糖来封堵地层的实验在吉林油田有过有益的尝试，取得了明显的效果，成功应用的一个关键因素是本次是在 30~40℃的油藏中开展的微生物实验，是细菌生长最适宜的温度，但这个温度优势也带来杂菌污染的问题。

不同类型堵剂体系存在其各自的优缺点及适用封堵深度[18,19]，如表 1-1 所示。

表 1-1 不同堵剂体系的性能对比

堵剂类型	优点	缺点	适用封堵深度
聚合物冻胶类	易于配制，使用方便；成胶时间和成胶强度可控；黏弹性好	受温度、矿化度等因素影响大，易降解，措施有效期较短	通过调整聚合物和交联剂加量，可满足不同深部地层的封堵
凝胶类	成本低，易于配制，使用方便	黏弹性差，强度低，作业半径小	近井堵水
颗粒类	来源广，成本低，封堵强度高，耐介质性好，措施有效期长	悬浮性能差，作业半径小，易对储层造成永久性伤害	适用于近井地带调堵，常用作高强度封口剂
泡沫类	选择性好，对油层伤害小，兼具驱油效果	受气源条件影响，成本高；施工工艺复杂；稳定性难以保证；措施有效期短	可用于油藏深部调驱
树脂类	封堵强度高	成本比较高、操作困难、风险较大	主要用于堵水封口

续表

堵剂类型	优点	缺点	适用封堵深度
沉淀类	来源广，成本低，耐温耐盐性能好	受地层水影响大，措施成功率低	近井－中部油藏调堵
乳化稠油类	选择性较好，耐冲刷，对地层无伤害，可回收循环使用	初始黏度较高，注入性能差；受温度、矿化度影响大；易破乳	可用于低温、低盐油藏的深部调驱
微生物类	绿色环保，对地层无污染，具有协同增效机理	关键技术不够成熟，不同菌种适用油藏范围小	可满足不同油藏类型、不同处理深度调驱的需求

为弥补常规深部调堵剂自身存在的不足，国内外专家学者对现堵剂体系进行优化改良，研制出了许多性能优良的新型深部调堵剂体系，如：预交联凝胶颗粒、聚合物微球、纳米颗粒稳定泡沫（三相泡沫）、无机凝胶涂层、柔性调堵剂、醇致盐沉析深部调堵剂及有机-无机复合堵剂体系等[20]。

1.1.3 调剖堵水存在问题与发展方向

（1）存在问题

堵水调剖技术经过几十年的发展，已形成了一系列适应不同油藏条件的控水稳油、改善水驱开发效果的有效技术。但随着我国老油田普遍进入高含水（特高含水）开发期，以及非常规油气开发的需要，调剖堵水技术还存在以下问题：

① 深部调驱、深部液流转向技术及作用机理尚不完全明确，油藏深部调剖堵水作业效果并不理想。

② 特殊油藏，如高温、高盐、深井油藏等的高含水及水驱低效问题日益严重，控水稳油、改善水驱等技术面临极大的挑战。

③ 储层孔喉尺度两端的调剖堵水剂及工艺技术尚不完善。即裂缝大孔道油藏、缝洞型油藏的调剖堵水剂及调剖堵水技术与工艺，低渗致密深部液流转向调剖堵水剂及调剖堵水技术与工艺。

④ 缺乏廉价、长效、封堵强度高、适应性广的调剖堵水剂，特别是水平井快速找水技术以及优异廉价长效的选择性堵水剂技术还没有形成工业规模。

⑤ 堵水调剖调驱的油藏工程研究不够，油藏与工程还没有一体化。堵水调剖调驱优化设计技术(即优化设计软件)，还没有商业版本。优化设计应涉及油藏、化学剂、工艺及效果评价四方面内容。

⑥ 气井堵水处于起步阶段，需要加大研发与试验力度。

(2) 发展方向

为适应这些高含水油藏改善水驱要求，需进一步研发和完善与之相适应的堵水调剖、深部液流转向技术，为提高我国高含水油田后期开发效果提供可靠、有效的技术保障。调剖堵水剂未来发展方向分析如下：

① 高温高盐等苛刻条件的优化，以及廉价、长效、封堵强度高、适应性广的堵剂的研发与应用。如基于互穿网络弹性颗粒堵剂的调剖堵水技术，可以实现深部调驱，同时耐温耐盐性能较好，在裂缝大孔道封堵中具有较好的优势，可实现高强度封堵，成本相对低廉，是未来调剖堵水技术发展的一个方向。

② 多学科交叉融合，纳米、智能材料在堵水调剖剂领域应用的研究，以及裂缝、溶洞、致密储层、深井堵水等调剖剂的研发。

③ 堵水调剖调驱与油藏工程的紧密结合，以及简洁、实用的堵水调剖优化设计软件的研发。

④ 简单、智能、安全的机械找堵水技术在低渗、少层的油井的研究与应用。

⑤ 选择性堵水技术在水平井、多层直井及海上油井的批量工业应用。

⑥ 气井堵水技术开发、试验与工业化应用。

1.2 互穿网络弹性颗粒堵剂

1.2.1 互穿网络弹性颗粒堵剂研究现状

互穿网络弹性颗粒在外力的作用下可发生变形运移到地层深部进行堵水调剖，在高渗层或大孔道中产生一定的流动阻力，使后续注入水进行分流转向，有效地改变地层深部长期水驱的压力场和流线场，从而实现深部堵水调剖、提高波及体积、改善水驱开发效果的目的。

互穿网络弹性颗粒调堵剂具有“进得去、堵得住、能移动”的突出特点，国内外的专家学者[21~24]研制开发了一系列互穿网络弹性颗粒堵剂体系，并在现场应用中取得了良好的效果。互穿网络弹性颗粒变形通过孔喉与堆积架桥封堵示意图如图1-1所示。

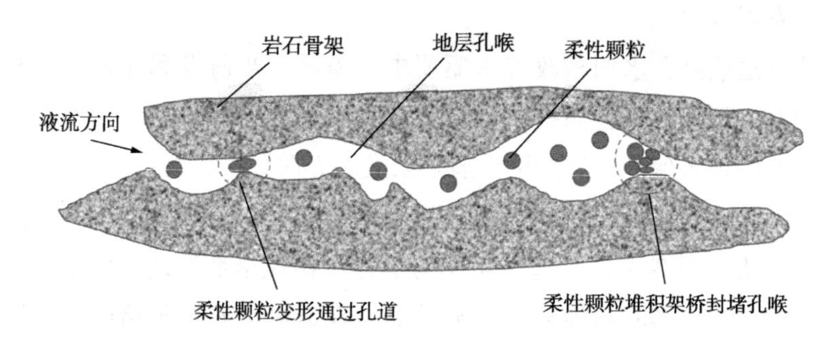

图1-1 互穿网络弹性颗粒变形通过孔喉与堆积架桥封堵示意图

现场应用较多的互穿网络弹性颗粒堵剂主要有预交联水膨体、胶态分散凝胶颗粒、纳米微球、橡胶颗粒等。

(1) 预交联水膨体

预交联水膨体是近二十年发展起来的一项调堵技术。该系列调堵剂由单体、交联剂以及其他添加剂在地面聚合交联，然后经过造粒、烘干、粉碎、筛分等工艺加工而成[25]。预交联水膨体由于是地面条件下交联，因此避免了地层条件如温度、矿化度、pH值和剪切对成胶的不利影响。

预交联水膨体颗粒遇油体积不变而遇水吸水膨胀变软(但不溶解)，可变形运移到地层深部，在高渗层或大孔道中产生流动阻力，使后续注入水分流转向，有效改变地层深部长期水驱形成定势的压力场和流线场，达到实现深部调剖、提高波及体积、改善水驱开发效果的目的[26]。体膨颗粒深部调剖技术，其优良的性能、较好的油藏适应性及全新的“变形虫”作用机理[27,28]，使其在高含水、大孔道油田深部调剖中的作用被广泛认可，在我国各大油田均有应用。

国内对于预交联水膨体的研究主要是水膨体的设计、合成与改性。如李宇乡等[29]研制了地面交联凝胶体系GP系列堵水调剖剂；白宝君等[30]对影响水膨体性能的内因进行了分析；吴应川等[31]对影响水膨体性能的因素进行了分析；王富华等[32]进行了耐130℃高温的水膨体设计与合成；唐孝芬等[33]通过分子设计，制备了缓膨型水膨体；魏发林等[34]提出了一种胶囊化减缓水膨体膨胀速率的方法，可将颗粒开始出现膨胀的时间减缓为30h。这些研究对水膨体适用不同油藏调剖堵水奠定基础。

国外关于水膨体的研究多集中于颗粒在多孔介质中的运移行为和对封堵性能的定量描述(理论推导)。Al-ibadi 等[35]对颗粒组成、注入浓度和注入速度等因素对填砂管封堵性的影响进行了实验考察和理论分析；Imqam[36]等考察了颗粒强度、孔喉直径和盐浓度对体膨颗粒封堵行为的影响，得到两个关系式用来定量表征阻力系数和稳定注入压力与颗粒强度、粒径孔径比和剪切强度之间的函数关系。这些研究对调堵作业中体膨颗粒的筛选和设计具有指导意义。

(2) 聚合物微球

常规水膨体膨胀倍数高、膨胀速度快、易破碎，不利于油藏深部调驱。针对此，聚合物微球调驱技术作为一种新兴有潜力的深部调驱技术近几年发展迅速[37,38]。其调驱机理是聚合物微球随注入水进入油层后，在多孔介质中可自由移动，在喉道处堆积产生封堵，对水流产生阻力，使后续水流转向，产生绕流。因聚合物微球具有一定的黏弹性，封堵压差增大到一定的程度时，微球会发生弹性形变，使得聚合物微球通过喉道继续向深部进行运移，从而实现逐级深度调驱[39,40]。

聚合物微球一般采用反相乳液法聚合而成，即微球是在以油为分散介质、以水为分散剂的“油包水”乳状液的小水滴中聚合而成。通过控制单体、交联剂、搅拌速度、油水比和分散稳定剂的用量等可以控制合成微球的粒径、膨胀速度、颗粒强度等参数。与水膨体相比，聚合物微球粒径更加可控、膨胀速度更慢、粒径更小(一般1~10μm)，与地层孔喉更匹配，因此有很好的注入性和较好的深部调驱性能[41]。

聚合物微球调驱国外应用比较早，出现在20世纪90年代末。BP、Mobil、Chevron Texaeo 和 Ondeo Naleo 四家公司联合开发出了一种具有时间延迟性和高度膨胀性的材料，用作深部调驱，并把该技术命名为“Bright Water”[42,43]。聚合物微球在印度尼西亚 Mina S 油田首次利用该技术进行了先导试验，应用效果表明该技术适应于深部调驱，有着潜在的经济效益[44]。后续俄罗斯、英国、阿根廷、突尼斯、巴西均进行了商业化应用[45~47]。随着应用要求的提高，Lzgec 和 Grameh 等制备了一种温度触发、低黏度的膨胀驱油剂，对低渗透、调剖有效期短的油田效果明显[48,49]。

国内聚合物微球调驱是近年来深部调驱技术研究的热点。自 2004 年开始，中国石油大学、中国石油勘探开发研究院等单位先后对聚合物微球调驱技术展开了细致的研究工作，并先后在胜利、中原、大庆、华北、长庆、青海等油田进行了矿场试验，取得了明显的增油降水效果[50~53]。

聚合物微球与常规颗粒堵剂不同，其颗粒粒径小，能够随流体进入小孔喉孔道。聚合物微球主要提高采收率机理是深部液流转向，不仅具有调剖作用，还兼具驱油效果。因其颗粒粒径小，耐剪切性能好，但是不利于封堵高渗、特高渗的大孔道，更不适合在裂缝、缝洞型油藏中调剖堵水。

（3）胶态分散凝胶颗粒

20 世纪 90 年代初由美国 TIORCO 公司提出的胶态分散凝胶(亦称 CDG)为聚合物和交联剂形成的非网络结构的分子内交联凝胶体系，交联反应主要发生在分子内的各交联活性点之间，以分子内交联为主，几个至十几个分子发生交联，形成分散的凝胶线团。国外只有 TIORCO 公司主张 CDG 调驱体系，加之 CDG 耐温耐盐性能差，成胶条件苛刻，封堵程度低，目前国内外对该技术的研究与应用都几乎处于停止状态[26]。

国内根据国外胶态分散凝胶颗粒的缺陷，改进制备了冻胶分散体[54~57]。该冻胶分散体结合表面活性剂，形成复合驱，通过深部液流转向与提高洗油效率二者协同效应，提高复合驱油体系的波及体积和洗油效率，实现原油采收率的提高。

（4）弹性橡胶颗粒

橡胶粉价格低廉，作为调剖堵水剂具有在地层中的封堵能力强、抗盐、适用温度范围广、可受压变形向深部运移、有效期长、成本较低等特点[58]。但橡胶颗粒与水膨体不同，不具有吸水膨胀性，其弹性形变不如吸水膨胀水膨体，单一橡胶粉颗粒进行地层封堵，如果与地层孔喉封堵匹配关系不明确，很难进入地层深部进行封堵，使其应用受到一定限制。但研究也表明[59~62]，如能解决颗粒类堵剂与地层孔喉的匹配关系，橡胶粉颗粒是一种很好的堵剂体系。

1.2.2 互穿网络弹性颗粒堵剂存在问题

互穿网络弹性颗粒作为堵剂，优点颇多，也是近年来堵剂研究的热门方向之一。但是，互穿网络弹性颗粒堵剂目前还存在以下问题需要进一步解决：

① 耐温性能大部分不能满足中高温地层的要求，满足中高温地层的互穿网络弹性颗粒堵剂成本较高；

② 深部调堵效果不够理想。预交联水膨体颗粒进入深部，易被剪切破碎，影响封堵效果；聚合物微球与胶态分散凝胶可以进入深部，但封堵强度较弱；弹性橡胶颗粒深部运移困难；

③ 目前互穿网络弹性颗粒堵剂在封堵强度、封堵深度、耐温抗盐等方面满足不了缝洞型、裂缝型油藏调剖堵水的需要；

④ 互穿网络弹性颗粒矿场应用也会出现注入困难或者无法对地层造成有效封堵的问题，说明互穿网络弹性颗粒在地层中的封堵、运移、调控机理尚不完全明确，与地层孔隙匹配性研究也需要进一步深化。

作为互穿网络弹性颗粒下一步的研究方向，需要进一步研发耐中高温、高强度、高弹性、价格低廉的互穿网络弹性颗粒堵剂，并有针对性地对裂缝型、缝洞型油藏的封堵颗粒进行研发。在此基础上，进一步深化互穿网络弹性颗粒在地层中的封堵、运移、调控机理，明确与地层孔隙、裂缝的封堵匹配性。

1.3 互穿网络聚合体堵剂

互穿网络聚合物是由两种或多种各自交联和相互穿透的聚合物网络组成的高分子共混物，简称 IPNS。合成方法主要有分步法和同步法两种。IPNS 具有广阔的发展前景，它可以根据需要，通过原料的选择、变化组分的配比和加工工艺，制取具有预期性能的高分子材料。

1.3.1 互穿网络聚合体堵剂研究现状

(1) 互穿聚合物网络凝胶

互穿聚合物网络凝胶调剖堵水剂是一类凝胶型调剖堵水剂，它是一种利用互穿聚合物网络(IPN)技术制备的新型凝胶，由两种或两种以上的聚合物网络相互穿透或缠结构成[63~65]，结构示意图见图1-2。与传统聚合物凝胶相比，互穿聚合物网络凝胶具有特殊的网络结构，而且聚合物分子链间存在协同效应，使得其具有更强的抗剪切能力、封堵能力、剖面改善能力以及耐冲刷能力[66]。

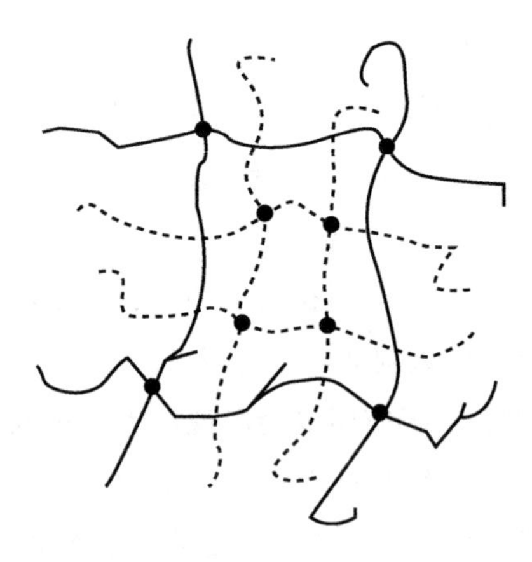

(实线和虚线代表不同聚合物网络，黑点代表交联点)

图1-2　互穿聚合物网络凝胶结构示意图[66]

1）均相液体系互穿

Aalaie[67,68]利用均相液体系，制备出了多种半互穿聚合物网络凝胶。采用聚丙烯酰胺作为第一网络，与聚乙烯醇水溶液混合或者硬葡聚糖水溶液混合，制备出了半互穿聚合物网络凝胶。此外，他还将醋酸铬作为交联剂，使部分水解聚丙烯酰胺与羧甲基纤维素发生交联形成聚丙烯酰胺/羧甲基纤维素半互穿聚合物网络凝胶。相关研究主要用于油井堵水。

Xin[69]在部分水解聚丙烯酰胺溶液中加入无机交联剂柠檬酸铝(AlCit)形成交联结构，然后再加入有机交联剂1，3，4，6-四羟甲基甘脲(TMGU)，形成高交联密度的互穿聚合物网络凝胶，进一步增强凝胶体系的稳定性。

刘永兵[70,71]研制出一种互穿聚合物网络凝胶用于油田深部调驱。首先将聚乙烯醇(PVA)配制成一定浓度的水溶液，再与含有交联剂和引发剂的丙烯酰胺(AM)、丙烯酸(AA)单体混合均匀，然后加入PVA交联剂使PVA交联，最后将交联后的产物在一定温度引发聚合反应，使分散在PVA交联网络结构中的AM和AA形成交联网络结构。该凝胶还具有较强的提高采收率能力。

罗懿[72]以水溶性酚醛树脂、水玻璃和抑水剂为材料，基于溶胶-凝胶技术合成出一种互穿网络结构的有机-无机凝胶体系。互穿网络凝胶体系的交联时间随水溶性酚醛树脂浓度增大而缩短，交联强度则增强。该互穿网络结构致密且匀称，满足深部封堵的要求，可作为耐温堵剂使用。

2）乳液体系互穿

杨秀芬[73]采用W/O乳液型聚丙烯酰胺（TDGIR）、交联剂、改性氨基树脂（TF-3）以及固化剂制备出互穿聚合物网络凝胶调剖剂（TDG-IR/TF-3），适用于35~150℃注水井调剖，可用采出水配制，成胶前黏度较低，注入性好，成胶后凝胶强度较高。具有施工工艺简单、可靠性好等优点。

赵秀兰[74]由具有W/O/W结构的乳胶以及改性氨基树脂在一定温度、交联剂以及促凝剂作用下制备了互穿聚合物网络凝胶TDG。

刘庆普[75]将W/O型聚丙烯酰胺胶乳和改性氨基树脂在交联剂存在下，通过交联形成互穿聚合物网络凝胶堵水剂，用于油井选择性堵水。成胶时间可调，可适用于温度为150℃的高温油藏堵水，注入性好，强度高，稳定性好，施工方便，并且解堵容易。

3）含固相体系互穿

马涛[76]采用复合单体、天然高分子材料、蒙脱土、交联剂以及引发剂等制备出双组分IPN/蒙脱土复合吸水凝胶用于调整注水井吸水剖面，并实现深部液流转向。

严永刚[77]在铬冻胶中加入钠基土，使其在部分水解聚丙烯酰胺凝胶空间网状结构中互穿，制备出了强度较高的互穿聚合物网络凝胶。

沈群[78]为了改善低温低渗透裂缝性砂岩油藏产液剖面，研制了一种适合于该油藏的互穿聚合物网络凝胶体系。该互穿聚合物网络凝胶体系由聚合物、粉煤灰、交联剂A，交联剂B构成。该互穿聚合物网络凝胶可以在30℃下成胶，老化45天后成胶强度达到G级。室内评价实验表明，该凝胶堵水剂具有选择性封堵性能，封堵水层、不封堵油层，具有较强的剖面改善能力。

互穿聚合物网络凝胶研究主要是十年前的研究成果，近年来对于互穿聚合物网络凝胶的研究较少，主要是因为互穿聚合物网络凝胶地下成胶受地层矿化度影响较大，高温地层也会影响成胶过程，因此，在实际应用过程中，受到一定限制。相对应凝胶体系，互穿网络聚合体颗粒受地层矿化度影响小，封堵强度高，施工方便易储存，在实际应用过程中更为便利。

(2) 互穿网络聚合体颗粒

唐孝芬[79]将能够控制吸水速度的高分子网络引入到常规吸水体膨网络结构中，制备出的互穿聚合物网络凝胶体系具有延缓膨胀、强度高等优良特性。静态吸水膨胀实验表明，该互穿聚合物网络凝胶的吸水缓膨性能及体膨后的力学强度比目前矿场广泛使用的体膨颗粒好。

刘丽君等[80]以丙烯酸和丙烯酰胺为单体，以 N,N'-亚甲基双丙烯酰胺为交联剂，过硫酸钾为引发剂，将改性聚乙烯醇引入聚合体系，采用水溶液聚合法制备聚丙烯酸型吸水性树脂，并研究了吸水树脂粒径与吸水速率的关系。不过该研究并未针对油田调剖堵水领域开展。

杨帆[81]以丙烯酸、丙烯酰胺为主要原材料，聚乙烯醇为共混聚合物，制备了聚(丙烯酸-丙烯酰胺)(PAA-AM)以及半互穿网络型聚乙烯醇/聚(丙烯酸-丙烯酰胺)(PVA/PAA-AM)两种不同的高吸水树脂。该研究用于沙土保水，尚未在油田调剖堵水领域进行应用。

陈行[82]以丙烯酰胺与2-丙烯酰胺-2-甲基丙磺酸(AMPS)为单体，以稳定交联剂与不稳定交联剂复合，经反相细乳液法和反相悬浮聚合法合成了不同粒度的丙烯酰胺基复合交联微球，并探讨了其延缓溶胀特性及控制方法，以及微球水凝胶增韧方法。该研究基于油田调剖堵水领域，但并未进行相关现场应用。

互穿网络聚合体颗粒研究是近年来比较热门的一个方向，通过不同单体的网络互穿，可使颗粒具有优良的性能，但相关研究成果在油田调剖堵水领域应用较少。与传统的调剖堵水剂相比，互穿网络聚合体堵剂具有独特的网络结构，其聚合物分子链间的协同效应可以改善堵剂的性能，使其能够满足油田调剖堵水的需要，具有很好的发展潜力。

1.3.2 互穿网络聚合体堵剂研究发展趋势

互穿网络聚合体堵剂以其独特的网络结构和协同效应赋予调剖堵水剂新

的物理化学性能，为调剖堵水剂的研发开辟了崭新的途径。根据调研结果，认为互穿网络聚合体堵剂研究的发展趋势有以下几个方面：

① 互穿网络聚合体针对调剖堵水领域的研究较少，特别是适用于中高温中高盐油藏的堵剂体系的研发更少，需要进一步研究。

② 裂缝型油藏堵水难度大，需要封堵强度高，现场需求大，是互穿网络聚合体堵剂研究发展的一个方向。

③ 互穿网络聚合体堵剂的制备和研究时间较短，有关互穿聚合物网络凝胶调剖堵水的理论研究尚处于起步阶段，需要对其调剖堵水机理进行深入研究。

④ 目前用来制备互穿聚合物网络凝胶调剖堵水剂的交联剂和引发剂的种类比较单一，为了提高调剖堵水剂的性能，需要对交联剂体系以及引发剂体系进行研究。

⑤ 针对非常规、复杂油藏的调剖堵水、深部调剖堵水的互穿网络聚合体堵剂研究是未来很长一段时间研究的重点。

1.4 颗粒堵剂封堵匹配关系

1.4.1 颗粒堵剂封堵匹配关系研究现状

(1) 刚性颗粒封堵匹配关系研究

刚性颗粒与地层孔喉的封堵匹配研究结果主要分为三派，分别提出了1/3规则、2/3规则及1/9架桥理论。

1) 1/3规则

对颗粒与地层孔喉匹配性研究最早应追溯到1972年Barkman J H等[83]对注入水中的颗粒对地层的伤害性的研究。文中提出了1/3~1/7“岩心伤害理论”，即当固相颗粒粒径大于1/3喉道直径时，颗粒只会形成外滤饼堵塞岩心端面，不能进入油层；如果颗粒粒径小于1/7喉道直径则不会堵塞孔喉；而位于1/7~1/3之间的颗粒将会严重伤害油层。Abrams A[84](1976)在研究钻井液侵入地层造成储层伤害时提出“1/3规则”，认为钻井液中架桥封堵材料的粒径不小于孔喉尺寸的三分之一，且架桥材料浓度达到5%时，才可以有效架桥封堵。Muecke 等[85](1979)对颗粒在孔喉处架桥的影响因素进行了分析，并指出颗粒的堵塞取决于颗粒大小、颗粒浓度和注入速度，且临界堵塞速度与体系黏度成反比。Khatib Z. I 等[86](1989)在研究砂岩储层伤害时，运用 Herzig J. P 等[87]给出的三颗粒架桥孔喉模型，认为架桥材料的直径与孔喉直径之比约为 0.45，并且该尺寸的封堵材料累积体积达到 50%，可将地层渗透率降低 15%。

2) 2/3 规则

Chang 和 Civan[88](1991)提出了一个描述流体和地层相互的物理化学作用导致的孔喉堵塞的新模型，模型考虑了化学沉淀和离子交换，采用双峰函数来确定沉淀和注入颗粒的分布与组成，用最优化方法来确定模型参数，结果表明理论预测与实验数据拟合得较好。罗向东等[89](1992)在 Abrams A 研究的基础上，以注入岩心孔隙体积倍数与岩心渗透率的变化作为评价不同材料封堵效果的标准，验证外来固相形成架桥条件时发现，架桥材料粒径是平均孔喉直径的 2/3，充填材料是平均孔喉直径的 1/4~1/2，且架桥材料浓度大于 3%，充填材料浓度不低于 2%，可以实现有效封堵。黄立新等[90](1993)提出裂缝性储集层屏蔽暂堵技术，认为当架桥材料粒径与裂缝宽度“相当”，即 70%~100%，浓度大于 3%，此时桥堵层稳定。加上充填材料(包括软化材料)，尺寸为裂缝宽度的 1/3~1/2，浓度均不低于 1.5%，才能实现有效封堵。与杨同玉等[91](1996)得到的架桥匹配关系一致。这些研究成果被统称为“2/3 规则”。

3) 1/9 架桥理论

赵福麟等[92](1994)通过对黏土双液法封堵大孔道时颗粒的进留粒径的研究，指出当孔径与粒径之比值为 6 时可产生最好的堵塞，为颗粒最佳的进留粒径。孔径与粒径之比值在 3~9 之间时，渗透率下降 50%以上，该粒径范围是进留粒径的最佳范围，即目前油田颗粒类调堵施工常常采用的“1/3~1/9”架桥理论。李克华等[93](2000)用多点测压渗流装置研究了无机颗粒粒径与地层孔径的匹配关系。结果表明，不同形状的颗粒，其颗粒粒径与地层孔径的匹配关系不同，表面光滑的球形玻璃珠，地层孔径与颗粒粒径的比值较小，为 2.5~5.5；木屑表面粗糙，地层孔径与颗粒粒径的比值较大，为 5~11；黏土、云母等为片状颗粒，介于两者之间。国外对于无机颗粒粒径的匹配关系研究集中在钻井液或其他工作液在孔喉中的堵塞及对地层的伤害方面。

Tran[94](2009)对无机颗粒对地层孔喉的堵塞条件进行了研究，得出了描述颗粒粒径和孔喉直径比与流动状态和堵塞时间的关系式，结果表明，临界孔喉粒径比与颗粒含量雷诺数之间满足指数函数关系，注入速度和颗粒浓度增加，雷诺数增加，越有利于堵塞发生。实验再次证实了孔径与粒径之比小于1时会发生堵塞现象。文章同时指出，1/3架桥规则只适应于很有限的颗粒浓度和注入速度的范围。这与Bouhroum等[95]的研究结果一致。

总之，对于各类无机颗粒与地层孔径的封堵匹配量化关系认识相对统一，基本可以归纳为当堵剂颗粒为地层孔径的1/2~1/10时可以产生较为有效的封堵，其中“1/3架桥理论”应用最为广泛。

(2) 弹性颗粒封堵匹配关系研究

近年来，为适应更好的调驱需要，水膨体、预交联体、纳米微球等弹性颗粒堵剂蓬勃发展。与刚性无机颗粒相比，弹性颗粒堵剂具有弹性形变的特性，在与孔喉封堵匹配关系上与刚性无机颗粒有所不同，研究结果差别更大，目前尚未有统一的认识与理论。

Pritcheet James等[96](2003)认为为了确保聚合物微球较好地注入和运移，起初的微球直径必须小于地层孔隙直径的1/10，且注入浓度不能太大，要限制在水能够充分携带的范围内。Bai等[97,98](2004，2007)对水膨体类堵剂在多孔介质中的各种行为进行了较为系统的研究，认为通过孔喉的颗粒的粒径与孔径的比值主要分布在2~4之间。弱强度体膨颗粒能够通过直径为其粒径1/5.7的孔道，而强体膨颗粒只能通过直径为其粒径1/1.3的孔道。雷光伦等[99](2012)对孔喉尺度弹性微球调驱影响因素进行了研究，表明微球封堵率随微球粒径与孔喉直径之比的增加先增大后减小，当微球粒径与孔喉直径比值在1.29~1.78范围内变化时，封堵率在50%~90%范围内变化。当微球直径与孔喉直径之比为1.4~1.5时，调驱效果较好；当微球直径与孔喉直径之比为1.42时，微球封堵率达到最大。Almohsin等[100](2014)利用填砂管实验对纳米级弹性颗粒在小于1μm^2的多孔介质中的注入和封堵性进行了研究，认为适合该颗粒封堵的填砂管渗透率分布在(143~555)$\times 10^{-3}\mu m^2$之间。梁守成等[101](2016)研究聚合物微球粒径与岩芯孔喉的匹配关系，认为当聚合物微球粒径与岩芯孔喉直径比值在0.33~1.50时，聚合物微球可以在岩芯中形成稳定的封堵能力，当聚合物微球粒径与孔喉直径比值在1.20~1.50时，聚合物微球兼具良好的运移能力和封堵效果。

总结归纳各类弹性颗粒堵剂与地层孔喉的封堵匹配量化关系，当弹性堵剂颗粒粒径为地层孔径的1~4倍时可以产生较为有效的封堵，但匹配关系的认识不统一，封堵匹配性与互穿网络弹性颗粒的弹性形变量有很大关系。

1.4.2 颗粒堵剂封堵匹配关系研究存在问题

颗粒堵剂粒径必须与地层孔径相匹配时才能有较好的封堵效果。国内外众多专家学者都针对颗粒粒径与孔喉直径的封堵匹配关系进行研究，形成了封堵架桥理论。但是在现场实际应用过程中，经常出现“进不去”或“堵不住”的问题，封堵调控效果往往达不到预期。总结分析颗粒堵剂封堵匹配关系研究成果，认为颗粒堵剂与地层封堵的匹配关系还需要在以下几个方面进行加深：

① 需要细化颗粒在地层中的封堵、运移、架桥、调控作用机制，如根据颗粒特性、地层特性等进行分类研究；

② 需要进一步明确刚性颗粒封堵匹配关系与互穿网络弹性颗粒封堵匹配关系的内在联系或关系，找出相对应的规律或转换方法；

③ 需要加强裂缝型油藏及复杂油藏的封堵匹配关系研究。

第2章 互穿网络聚合体堵剂制备与表征

互穿网络聚合物具有独特的网络结构，可以通过协同效应改善堵剂的性能，满足油田调剖堵水的需要。本章设计构建并制备了互穿网络聚合体，改进了堵剂颗粒制备方法。本章优化了互穿网络聚合体堵剂的制备条件，并对制备的互穿网络聚合体的微观结构、溶胀性能、黏弹性、耐温抗盐性以及封堵性能进行表征。

2.1 互穿网络聚合物体系构建与堵剂制备方法

2.1.1 互穿网络聚合物体系构建

当前用作地层封堵的互穿网络聚合物主要有互穿网络聚合物凝胶与互穿网络聚合体颗粒两种形式，但其本质均是由两种及以上的聚合物网络相互穿透或缠绕形成的高分子共混物。凝胶类堵剂中的体系组分在地层运移过程中易被吸附，聚合物易被剪切，同时深部运移时容易被地层水稀释，且受地层矿化度等因素影响较大，现场应用效果与室内研究结果差别较大，效果往往不够理想。弹性颗粒类堵剂在耐温抗盐性能、封堵强度、封堵有效期、封堵大孔道/裂缝具有优势。因此，本研究目标是基于互穿网络聚合物的互穿网络聚合体颗粒堵剂。

使两种或多种聚合物网络相互穿透的方法主要有分步法和同步法两种，结合堵剂特性与矿场需求，互穿网络聚合物体系构建如下：

(1) 分步法制备体系构建

将已制备好的网状聚合物(第一网络)置于含有催化剂、交联剂等的另一单体或液态的低聚体体系内，使其溶胀，然后单体或低聚体就地聚合并交联成第二网络[102]。反应示意图见图 2-1。

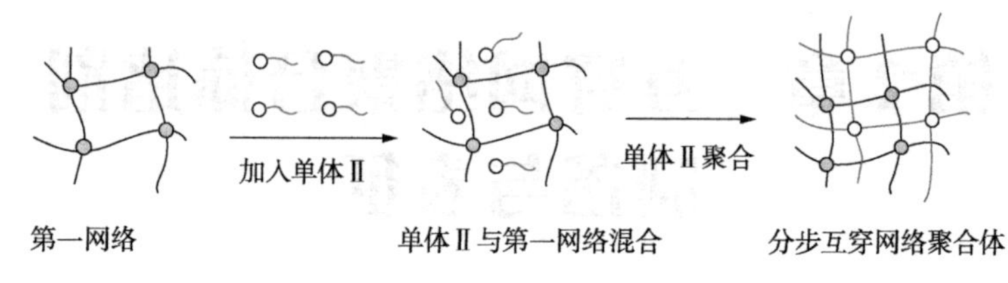

图 2-1　分步法制备互穿网络聚合体示意图

为改善当前常用水膨体类等弹性颗粒堵剂在封堵强度、耐剪切性等方面的不足，考虑堵剂体系价格低廉、来源广、制备容易等要求，选用具有架状多孔结构(结构示意图见图 2-2)的微粒(如硅酸盐矿物、木炭粉等)和聚乙烯醇作为第一网络，常规丙烯酰胺类聚合单体如丙烯酰胺、丙烯酸、2-丙烯酰胺基-2-甲基丙磺酸(AMPS)等作为第二聚合网络单体，制备成柔性第二网络体互穿包覆“刚性”(非绝对刚性，强度/韧性明显高于第二网络包覆层)第一网络体的互穿网络聚合体堵剂。

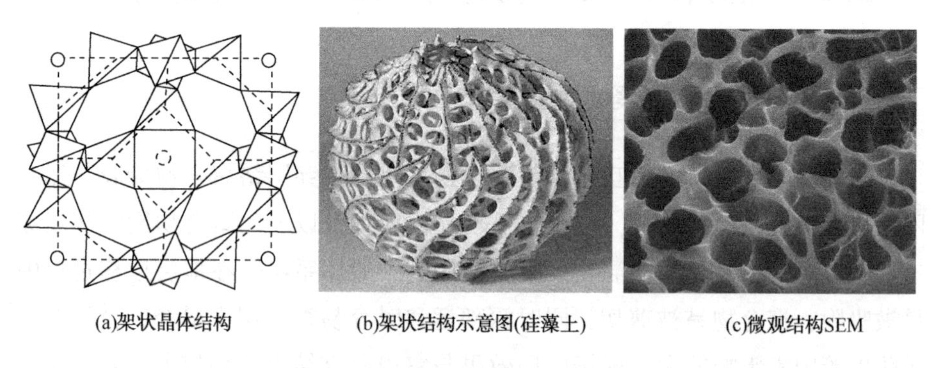

图 2-2　架状多孔结构的微粒示意图

(2) 同步法制备体系构建

将两种或多种单体及其对应的交联剂、引发剂在同一反应器中均匀混合，然后按各单体的聚合机理各自聚合，形成相互贯穿的三维网络，反应示意图见图 2-3。

通常树脂类堵剂固化后强度高，且具有较好的耐温性，添加增塑剂等添加剂后，还具有良好的热塑性与韧性。橡胶类堵剂则具有弹性强度大、耐温

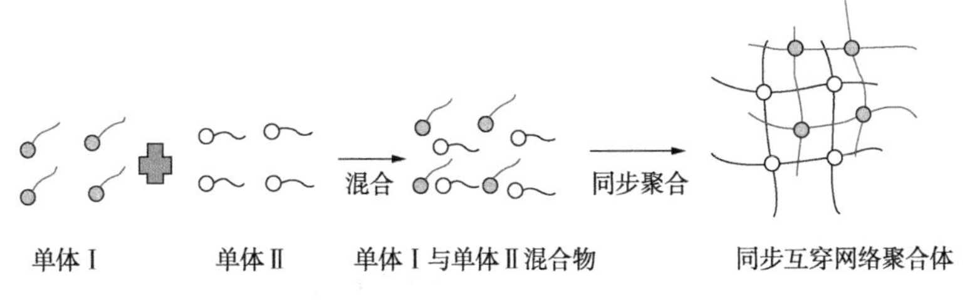

图 2-3　同步法制备互穿网络聚合体示意图

性好的特点，在多孔介质中运移耐剪切性好、稳定性好。为提高弹性颗粒堵剂在耐温抗盐、封堵强度、耐剪切性等方面的性能，同时考虑体系常规易得，选用常规丙烯酰胺类聚合单体如丙烯酰胺、丙烯酸、2-丙烯酰胺基-2-甲基丙磺酸等作为聚合网络单体Ⅰ，树脂类、橡胶类等作为聚合网络单体Ⅱ，两种单体混合，同步反应，形成互穿网络聚合体。

根据互穿网络聚合物的协同复合特性，树脂类聚合网络单体可以提高互穿网络聚合体的强度，并改善耐温性，增强韧性，提高耐剪切性；橡胶类聚合网络单体可以提高互穿网络聚合体的强度，改善耐温性与耐剪切性，并提高长效稳定性。

2.1.2　互穿网络聚合体堵剂颗粒制备方法

通过分步法或同步法制备出的互穿网络聚合体为冻胶/凝胶状，进一步制备成堵剂颗粒的常规方法是将冻胶/凝胶体剪碎，然后在真空干燥箱中烘干，再用粉碎机粉碎造粒，最后通过标准筛筛分[103,104]，得到堵剂颗粒。该方法得到的堵剂颗粒粒径分布范围广，难以得到粒径集中的堵剂颗粒，不利于实际应用。

针对该问题，对聚合体堵剂颗粒制备方法进行了改进。首先将制备的互穿网络聚合体冻胶/凝胶剪切粉碎成粒径相对均一的分散体颗粒，然后将分散体冻胶/凝胶颗粒涂覆颗粒分散保护剂(中性油)保护，防止烘干过程中发生颗粒粘连。将涂覆中性油保护的冻胶/凝胶颗粒置于100℃真空恒温干燥箱中烘干，用石油醚(或其他有机溶剂)洗涤烘干颗粒，并再次烘干。用标准筛筛分颗粒，将部分粘连的大颗粒用粉碎机粉碎造粒并进一步筛分。由此，便可得到粒径相对均一集中的堵剂颗粒。堵剂颗粒制备流程示意图见图2-4。

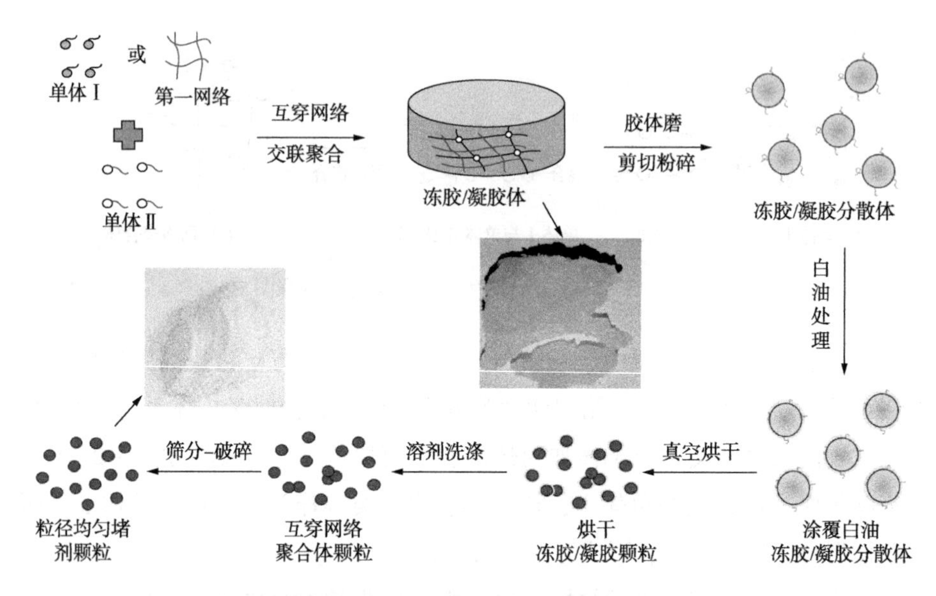

图 2-4　堵剂颗粒制备流程示意图

该方法的关键在于将冻胶/凝胶体剪切粉碎成粒径相对均一的分散体颗粒。胶体磨(图 2-5)可以实现冻胶/凝胶体的均匀分散，由电动机通过皮带传动带动转齿(或称为转子)与相配的定齿(或称为定子)作相对的高速旋转，其中一个高速旋转，另一个静止，被加工物料通过本身的重量或外部压力(可由泵产生)加压产生向下的螺旋冲击力，透过定齿、转齿之间的间隙(间隙可调)时受到强大的剪切力、摩擦力、高频振动、高速旋涡等物理作用，使物料被有效地分散、均质和粉碎。

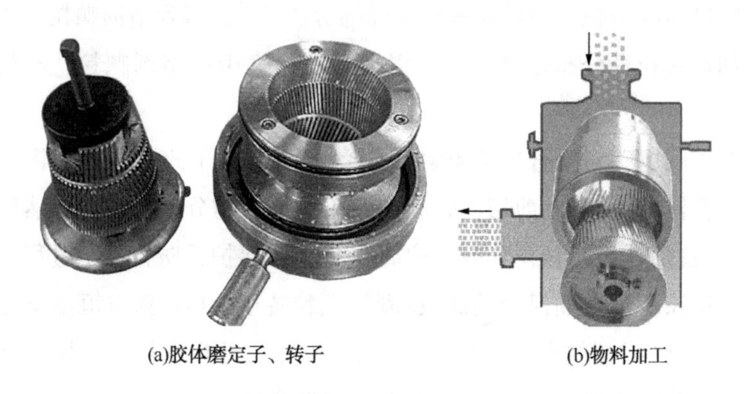

(a)胶体磨定子、转子　　(b)物料加工

图 2-5　胶体磨定子、转子与物料加工图

根据库埃特(Couette)流动矢量微分方程与牛顿内摩擦定律，可以通过调整定转子之间的间隙与转子的速度控制制备颗粒的粒径[56]。

互穿网络聚合体堵剂颗粒制备方法步骤为：

① 制备互穿网络聚合冻胶/凝胶体；

② 将冻胶/凝胶体放入胶体磨，注入清水，启动胶体磨，将冻胶/凝胶体剪切粉碎成分散体冻胶/凝胶颗粒；

③ 采用滤网将分散体冻胶/凝胶颗粒中的清水过滤；

④ 将过滤水后的分散体冻胶/凝胶颗粒放入白油中，搅拌分散均匀，并保持24h；

⑤ 采用滤网将分散体冻胶/凝胶颗粒中的白油过滤；

⑥ 将处理后的分散体冻胶/凝胶颗粒放入100℃真空恒温干燥箱中烘干；

⑦ 采用标准筛筛分烘干的互穿网络聚合体颗粒；

⑧ 将部分粘连的未通过标准筛的颗粒放入粉碎机中粉碎；

⑨ 将粉碎的颗粒利用标准筛进一步筛分，即得到粒径相对均一的互穿网络聚合体堵剂颗粒。

利用本方法制备的堵剂颗粒粒径分布与常规粉碎剪切制备的堵剂颗粒粒径分布对比结果见图2-6。

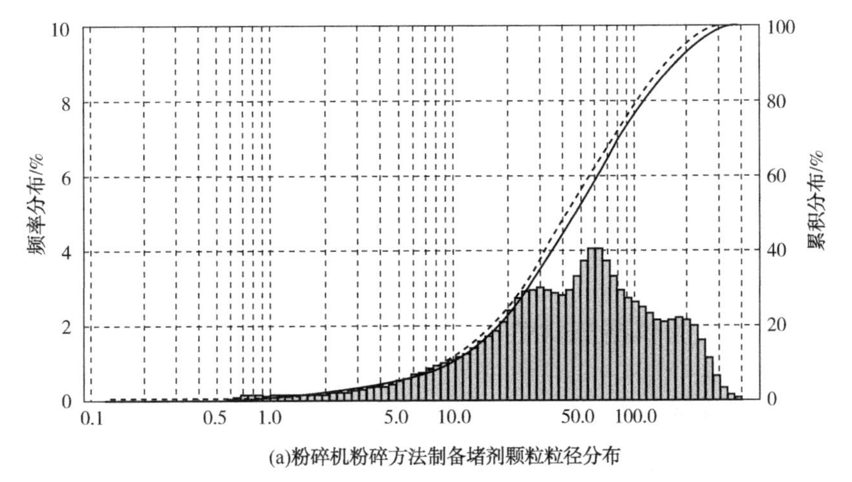

(a)粉碎机粉碎方法制备堵剂颗粒粒径分布

图2-6　不同方法制备堵剂颗粒分布对比

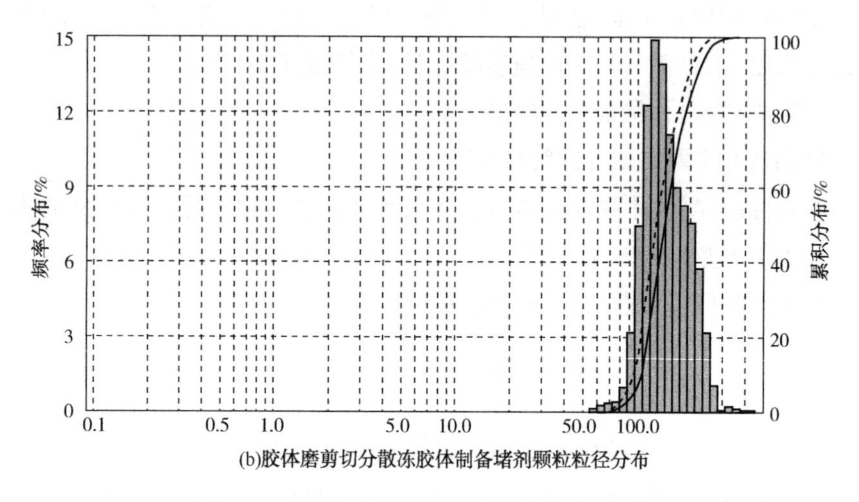

(b)胶体磨剪切分散冻胶体制备堵剂颗粒粒径分布

图 2-6　不同方法制备堵剂颗粒分布对比(续)

对比图 2-6 中(a)与(b)两图的粒径分布曲线，图 2-6 中(a)图粒径分布宽泛，无相对集中粒径；图 2-6 中(b)图粒径分布则非常集中，说明颗粒粒径较为均匀。通过两图粒径分布曲线对比，说明通过胶体磨剪切分散冻胶体制备的堵剂颗粒粒径分布要优于粉碎机直接粉碎烘干冻胶体制备的堵剂颗粒。

2.2　互穿网络聚合体堵剂制备

根据互穿网络聚合物体系构建的方法与堵剂颗粒的制备方法，采用分步法和同步法制备了互穿网络聚合体堵剂。

2.2.1　实验仪器与材料

(1) 实验仪器

MCR52 安东帕流变仪，Brookfield DV-Ⅳ黏度计，日立 SU8020 场发射扫描电子显微镜，岛津 IRAffinity-1 傅里叶红外光谱仪，SZ61 体式电子显微镜，JJ-1 电动搅拌机，恒温水浴锅，往复式水浴恒温振荡器，电子分析天平，101A-1E 真空恒温干燥箱，粉碎机，三口烧瓶，蛇形冷凝管等。

（2）实验材料

丙烯酰胺、丙烯酸，亚硫酸氢钠、过硫酸铵、氢氧化钠、氯化钠、氯化钾、氯化钙、氯化镁、无水乙醇、*N*,*N′*-亚甲基双丙烯酰胺、石油醚（沸程60~90），分析纯；氮气，>99%纯度；10#白油、硅烷偶联剂KH560、苯丙乳液PS903、聚丙烯PP颗粒M16、环氧树脂E-51、聚乙烯醇PVA1788L（160目）、聚乙烯醇PVA2488L（160目）、聚乙烯醇PVA1799L（片状）、天然橡胶、热塑性聚氨酯弹性体橡胶TPUBTE-75A、丙烯酸树脂BR-116、高密度聚乙烯树脂HDPE5000S、低密度聚乙烯树脂LDPE2426H、三聚氰胺甲醛树脂，工业品。

2.2.2　分步法制备

分步法制备互穿网络聚合体选用的第一网络聚合物主要有两类：架状结构多孔微粒、聚乙烯醇树脂。

2.2.2.1　实验方法

（1）架状结构多孔微粒为第一网络

架状结构多孔微粒作为第一网络，提前吸附一般用量的交联剂*N*,*N′*-亚甲基双丙烯酰胺。第二互穿网络以丙烯酸或丙烯酰胺为主要聚合单体。合成制备过程中，第一网络释放交联剂（浓度扩散），第二网络互穿于第一网络。第二网络聚合以丙烯酰胺为主要聚合单体，*N*,*N′*-亚甲基双丙烯酰胺为交联剂，过硫酸铵-亚硫酸氢钠氧化还原体系为引发剂，氮气作为保护气源，采用水溶液聚合方法。

引发剂过硫酸铵-亚硫酸氢钠氧化还原体系主要是反应产生硫酸根自由基$SO_4^- \cdot$，具体反应见式（2-1）。

$$S_2O_8^{2-}+HSO_3^- = SO_4^{2-}+SO_4^- \cdot +HSO_3 \cdot \tag{2-1}$$

硫酸根自由基$SO_4^- \cdot$诱导第二网络丙烯酰胺聚合反应与交联反应进行，聚合反应见式（2-2），与*N*,*N′*-亚甲基双丙烯酰胺交联剂的交联反应见式（2-3）。

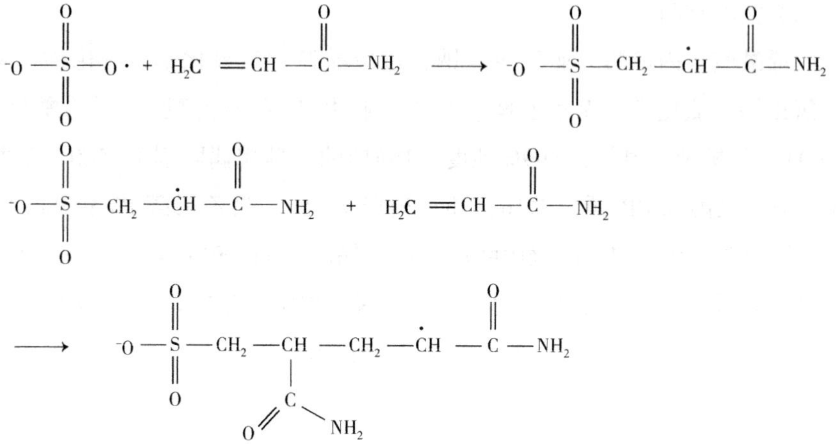

（2-2）

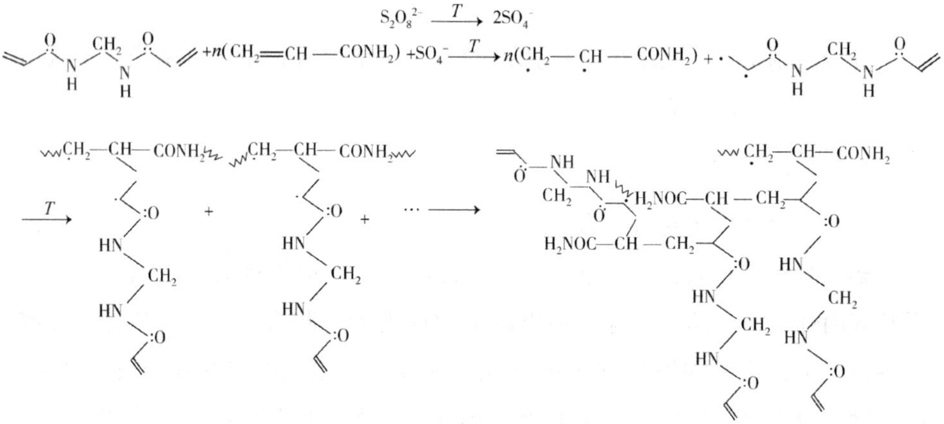

（2-3）

实验所用具有架状结构的多孔微粒包括钠基膨润土、锂基膨润土、绢云母、4A沸石粉、电气石粉、硅藻土、铝镁水滑石粉、活性炭、活性白土、硅灰石粉、凹凸棒土、铸石粉、滑石粉、煅烧高岭土、锂皂土等，见图2-7。

（2）聚乙烯醇树脂为第一网络

具有塑性的树脂类(如塑料)、橡胶作为第一网络改变互穿网络聚合体的特性，聚丙烯、聚乙烯、天然橡胶等是不错的选择，但是以上材料难以水溶，采用相对应的有机溶剂溶解，需要做成乳液体系，既不经济也不环保，且工艺繁琐，在未寻到找合适的溶解分散方法前，暂不考虑该类型树脂、橡胶作为第一网络进行改性。

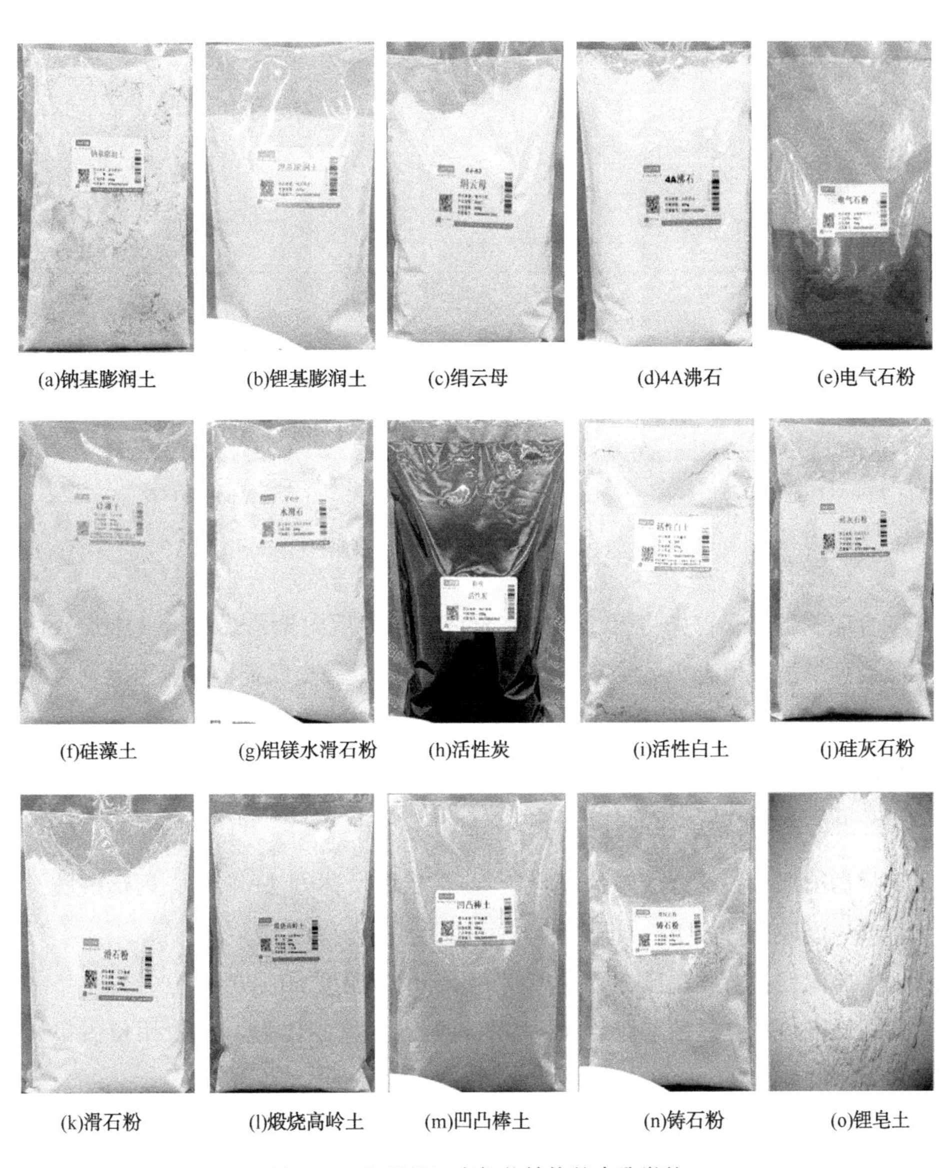

(a)钠基膨润土　(b)锂基膨润土　(c)绢云母　(d)4A沸石　(e)电气石粉

(f)硅藻土　(g)铝镁水滑石粉　(h)活性炭　(i)活性白土　(j)硅灰石粉

(k)滑石粉　(l)煅烧高岭土　(m)凹凸棒土　(n)铸石粉　(o)锂皂土

图 2-7　选用的具有架状结构的多孔微粒

聚乙烯醇为白色片状、絮状或粉末状固体有机化合物，是一种线型分子结构聚合物。聚乙烯醇的性质受化学结构、醇解度、聚合度的影响，本研究选用高聚合度(17 万)与超高聚合度(24 万)、普通醇解度 88%与完全醇解度 99%的聚乙烯醇进行实验，见图 2-8。

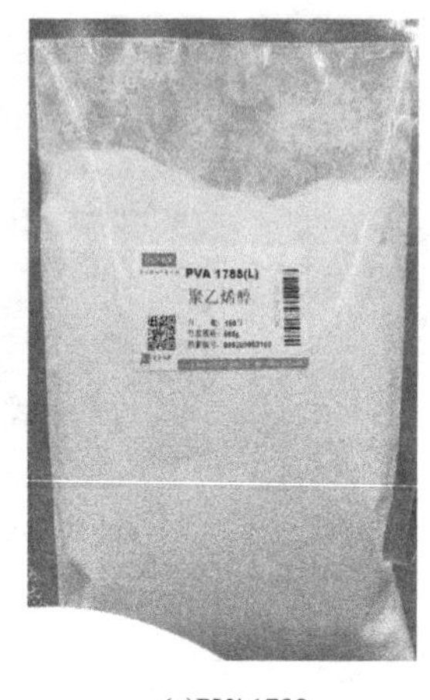

(a)PVA1788

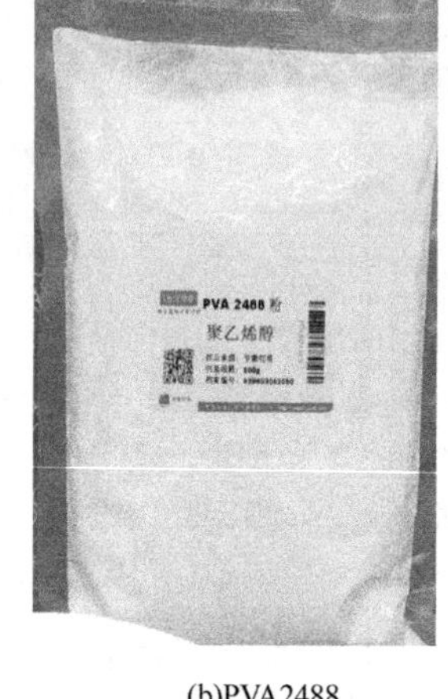

(b)PVA2488

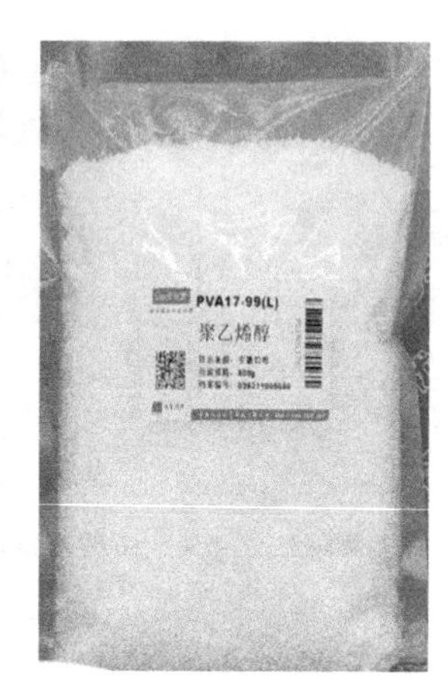

(c)PVA1799

图 2-8　选用的聚乙烯醇树脂

合成制备前，首先将聚乙烯醇完全溶解，然后向聚乙烯醇溶液中加入丙烯酸或丙烯酰胺聚合单体，N,N'-亚甲基双丙烯酰胺交联剂，以及引发剂过硫酸铵-亚硫酸氢钠氧化还原体系，在氮气保护条件下通过水溶液聚合方法进行。

2.2.2.2　实验条件

根据前期相关的合成制备经验[105]与文献中所述方法[106,107]，丙烯酰胺类聚合反应温度条件如下：

实验温度：溶解温度在 25~40℃，聚合反应温度 60~80℃；

引发剂体系：过硫酸铵与亚硫酸氢钠复合，摩尔比为 1∶1，用量占单体总量的 1.0%。

针对互穿网络聚合体堵剂的制备，进一步确定最佳实验条件。

(1) 聚合反应温度

按照溶解温度 30℃，丙烯酰胺聚合单体质量浓度为 10.0%，引发剂为过硫酸铵与亚硫酸氢钠(摩尔比为 1∶1)的复合体系(用量为单体总量的 1.0%)，交联剂为 N,N'-亚甲基双丙烯酰胺(单体总量的 1.0%)。根据不同聚合反应温度下的反应形态确定聚合反应温度。实验结果见表 2-1。

表 2-1　不同聚合反应温度的反应形态

聚合温度/℃	产物形态	反应现象
40	弹性大的冻胶体，韧性好	完全反应时间较长，约 8~10h
60	弹性大的冻胶体，韧性好	反应时间适中，完全聚合约 2~4h
80	弹性较大的冻胶体，表现出一定脆性，冻胶体可被大力捏碎	1h 内出现瞬间爆聚现象

温度低时，聚合单体分子运动速度较慢，链引发和链增长的速度较慢，完全聚合所需的时间较长。随着温度的增加，聚合单体分子运动速度加快，链引发和链增长的速度也加快，聚合反应时间缩短。随着温度继续增加，活性中心增多，相互碰撞机会增多，容易造成链终断，使主链长度下降，分子量变小，聚合度下降，从而出现 80℃反应后的冻胶体脆性变大的实验结果。由此根据表 2-1 实验结果可以看出，选用的聚合反应最佳温度为 60℃。

其他条件相同，聚合反应温度在 60℃与 80℃条件下合成的交联冻胶体 SEM 微观形态见图 2-9 与图 2-10。

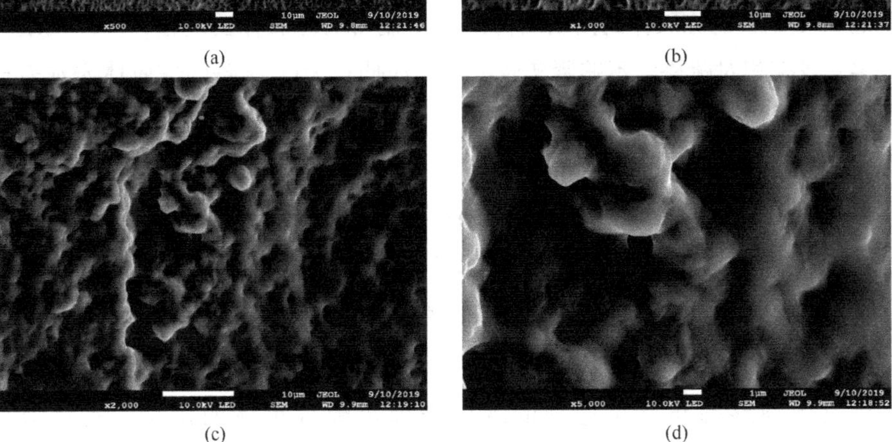

(a)　(b)　(c)　(d)

图 2-9　反应温度 60℃制备的冻胶体 SEM

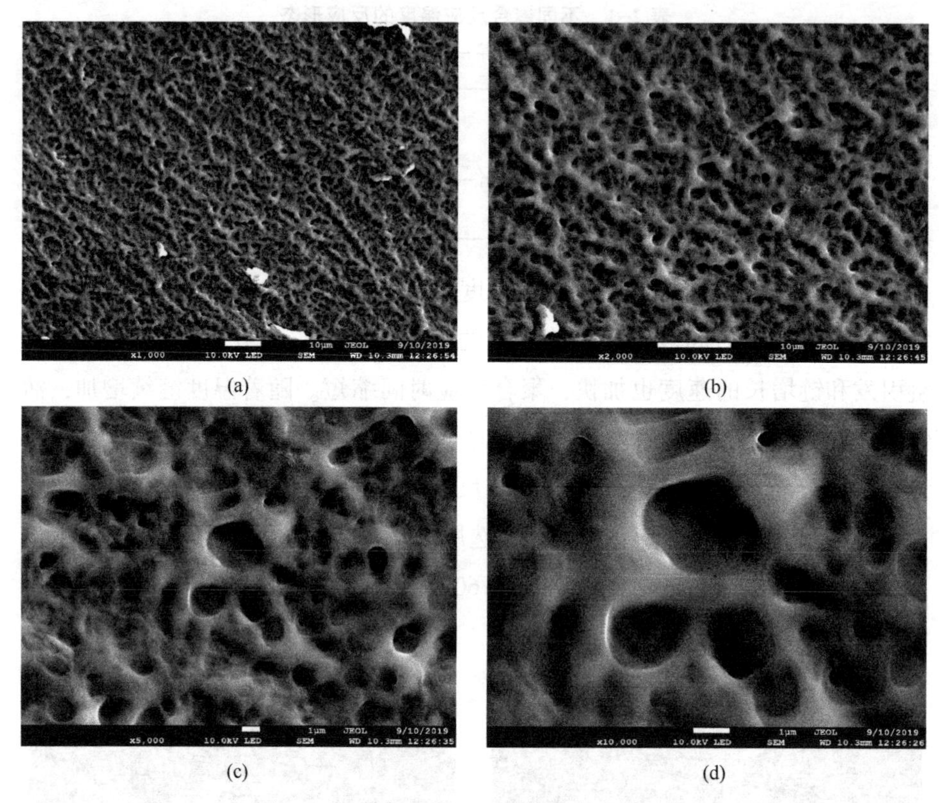

(a) (b)

(c) (d)

图 2-10　反应温度 80℃制备的冻胶体 SEM

从图 2-9 与图 2-10 可以看出，60℃与 80℃条件制备冻胶体分子链较长，交联形成的结构也都较为致密，冻胶体宏观特性表现出较好的弹性与强度。但是 80℃制备的冻胶体的网络结构比 60℃制备的冻胶体要疏松，空间网络孔较多，骨架相对疏松，不够紧实致密，从而使得 80℃制备的冻胶体宏观表现出一定脆性，强度较 60℃降低。

（2）聚合单体用量

按照溶解温度 30℃，反应温度 60℃，反应时间 4h，引发剂为过硫酸铵与亚硫酸氢钠(摩尔比为 1∶1)的复合体系(用量为单体总量的 1.0%)，交联剂为 N,N'-亚甲基双丙烯酰胺(单体总量的 1.0%)，聚合单体为丙烯酰胺，质量浓度分别为 3.0%、5.0%、10.0%、15.0%、20.0%、25.0%、30.0%。根据反应产物形态与反应过程的现象来确定聚合单体的用量。实验结果见表 2-2。

表 2-2 不同聚合单体用量下的反应现象

聚合单体浓度/%	产物形态	反应现象
3.0	几乎无黏稠度的水溶液	未见明显反应，聚合反应程度低
5.0	黏稠的流体，具有一定流动性	随着时间增加，体系黏度逐渐增加
10.0	弹性大的冻胶体，韧性好	体系黏度增加，最后交联成冻胶体
15.0	弹性大的冻胶体，韧性好	体系黏度增加较快，最后交联成冻胶体
20.0	白色冻胶体，弹性大	爆聚
25.0	白色冻胶体，弹性较大	爆聚
30.0	冻胶体，弹性较大，有点脆	爆聚

聚合单体浓度低时，单体接触和碰撞的概率小，不利于分子链的增长，甚至不发生聚合，且反应速度慢，反应时间长。聚合单体浓度增加，增加了单体的碰撞概率，易于分子链的增长，且反应速度加快。但是聚合单体浓度过高时，分子碰撞概率高，反应速度快，反应释放热量，体系的温度升高，温度升高又促进反应速度的加快，造成反应体系散热困难，产生爆聚现象，不利于聚合物分子量的提高。

根据表 2-2 实验结果可以看出，聚合单体用量最佳浓度为 10.0%～15.0%。本研究后续实验选用聚合单体质量浓度为 15.0%。

(3) 交联剂用量

按照溶解温度 30℃，反应温度 60℃，反应时间 4h，引发剂为过硫酸铵与亚硫酸氢钠(摩尔比为 1∶1)的复合体系(用量为单体总量的 1.0%)，聚合单体为丙烯酰胺(用量为质量浓度 15.0%)，交联剂 N,N'-亚甲基双丙烯酰胺的用量分别为聚合单体量的 0.5%、1.0%、2.0%、3.0%。根据反应产物形态与反应过程的现象来确定交联剂的用量。实验结果见表 2-3。

表 2-3 不同交联剂用量的反应形态

交联剂用量(与聚合单体比)/%	产物形态	反应现象
0.5	黏稠状流体	体系黏度逐渐增加，未交联
1.0	弹性大的冻胶体，韧性好	体系黏度先增加后交联成冻胶
2.0	弹性大的冻胶体，韧性较好	体系黏度先增加后交联成冻胶，反应速度较快
3.0	弹性较大的冻胶体，脆性大，易碎	反应一会后出现爆聚现象

根据表 2-3 实验结果可以看出，交联剂 N,N'-亚甲基双丙烯酰胺最佳用量为聚合单体总量的 1.0%~2.0%。本研究后续实验选用交联剂浓度为聚合单体总量的 1.0%。

交联剂 N,N'-亚甲基双丙烯酰胺浓度低时，N,N'-亚甲基双丙烯酰胺分子两端的丙烯基同时打开与聚合单体交联的概率低，交联现象不明显。交联剂浓度增加，交联剂与聚合单体交联反应增加，产物呈冻胶体。随着交联剂浓度继续增加，与聚合单体反应速度加快，释放出大量热量，体系的温度升高，促进反应速度进一步加快，产生爆聚现象，不利于聚合物分子量的提高与交联，使得反应产物脆性大，易碎。

交联剂 N,N'-亚甲基双丙烯酰胺浓度为聚合单体量的 1.0%与 3.0%时合成的交联冻胶体 SEM 微观形态见图 2-11 与图 2-12。

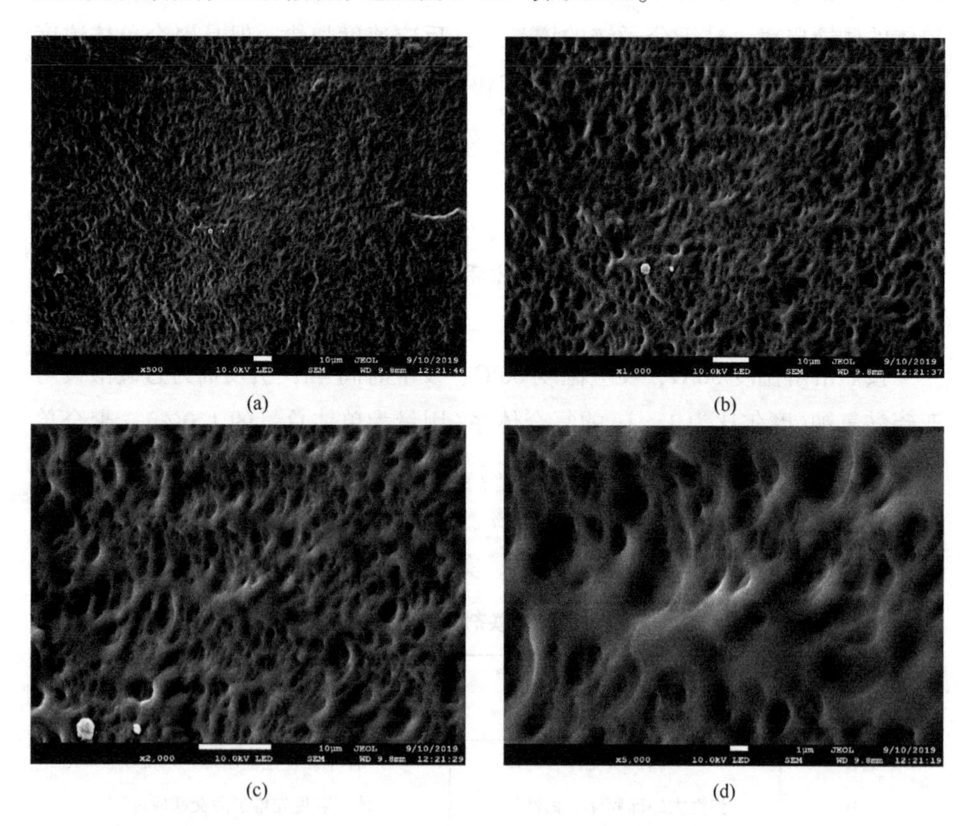

(a) (b) (c) (d)

图 2-11　1.0%交联剂量制备的冻胶体 SEM

由图2-11可以看出，1.0%交联剂量制备的冻胶体结构致密，骨架紧致。纵横网络链较长，说明交联后的分子链长，产物特征从而表现出高强度、高韧性与高弹性。图2-12中3.0%交联剂量制备的冻胶体结构较为疏松，呈现明显的“蜂窝煤”状结构，聚合单体只是在周边聚合，呈现圆环状，分子链较短，产物特征从而表现出强度低、脆性大、易碎的特性。

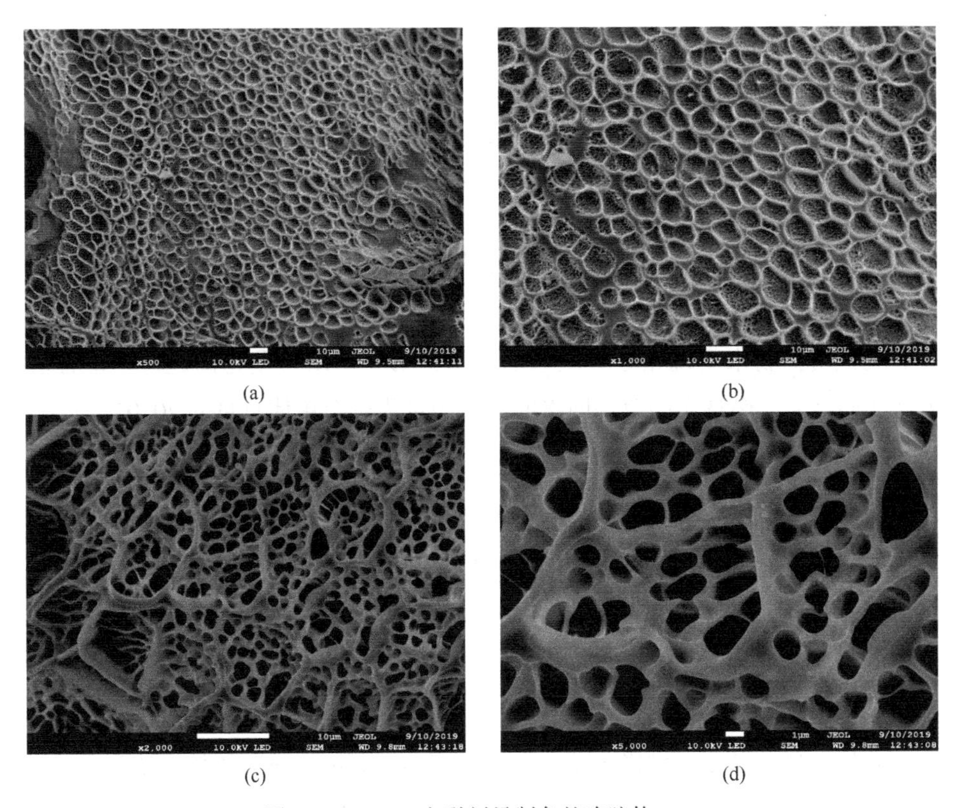

图2-12 3.0%交联剂量制备的冻胶体SEM

（4）第一网络加量

按照溶解温度30℃，反应温度60℃，反应时间4h，引发剂为过硫酸铵与亚硫酸氢钠(摩尔比为1∶1)的复合体系(用量为单体总量的1.0%)，聚合单体为丙烯酰胺(用量为质量浓度15.0%)，交联剂N,N'-亚甲基双丙烯酰胺的质量浓度为1.0%。添加架状结构多孔微粒的第一网络占聚合单体总量的5.0%、10.0%、15.0%、20.0%，观察反应结果。本实验采用的第一网络为4A沸石粉。实验结果见表2-4。

表 2-4　不同第一网络用量制备互穿网络聚合体形态

第一网络用量(与聚合单体比)/%	产物形态与现象
5.0	第一网络分布均匀，聚合冻胶体弹性与韧性好
10.0	第一网络分布均匀，聚合冻胶体弹性与韧性好
15.0	第一网络分布均匀，聚合冻胶体弹性与韧性好
20.0	第一网络分布均匀，聚合冻胶体弹性与韧性好
25.0	第一网络分布较均匀，反应底部颗粒略多，聚合冻胶体弹性与韧性较前几组变差
30.0	反应底部第一网络颗粒略多，聚合冻胶体弹性与韧性变差

在一定质量浓度范围内，可以形成均匀的冻胶体。在架状颗粒浓度超过单体浓度25%以后，冻胶体出现相分离现象。根据堵剂低成本与高强度的特性，在反应产物未出现相分离现象前提下，第一网络含量越高越好。结合表2-4实验结果，筛选出的第一网络的最佳用量为聚合单体总量的20.0%。

2.2.2.3　制备步骤

根据优选的合成条件，聚合单体质量浓度为15.0%，交联剂量为聚合单体总量的1.0%，第一网络体为聚合单体总量的20%；引发剂为过硫酸铵与亚硫酸氢钠(摩尔比为1∶1)的复合体系，用量为单体总量的1.0%；溶解温度30℃，反应温度60℃；氮气保护。

(1) 第一网络为架状结构微粒

具体合成制备第一网络为架装结构微粒的互穿网络聚合体的方法为：

① 称取 N,N'-亚甲基双丙烯酰胺0.075g，放入盛有74.2g蒸馏水的三口烧瓶中，充分搅拌均匀至完全溶解。

② 用电子天平称取3.0g架状结构多孔微粒，放入配制好的 N,N'-亚甲基双丙烯酰胺溶液中，置于60℃往复式水浴恒温振荡器中振荡24h。

③ 将三口烧瓶置于恒温水浴锅中，水浴温度30℃，然后充氮气保护。

④ 溶液搅拌状态下，加入15.0g丙烯酰胺，搅拌均匀。

⑤ 加入 N,N'-亚甲基双丙烯酰胺0.075g搅拌均匀，然后加入2%过硫酸铵溶液5mL(相当于过硫酸铵质量0.1g)和2%亚硫酸氢钠溶液2.5mL(相当于亚硫酸氢钠质量0.05g)，升温至60℃，保温反应4h。中间不断观察，至黏度

增大、颗粒悬性好、不再沉降时，关闭搅拌机电源，停止搅拌。

⑥ 保温反应结束，取出成品即得到互穿网络聚合冻胶体。

⑦ 按照 2.1.2 章节中方法进一步制备成互穿网络聚合体堵剂颗粒。

(2) 第一网络为聚乙烯醇树脂

具体的合成制备第一网络为聚乙烯醇树脂的互穿网络聚合体的方法为：

① 称取 15.0 丙烯酰胺，加到盛有 30.0g 蒸馏水的三口烧瓶中，充分搅拌均匀至完全溶解，待用。

② 称取 44.2g 凉的蒸馏水，称取 3.0g 聚乙烯醇。在蒸馏水搅拌状态下，缓慢加入聚乙醇，并不断搅拌 30min，使聚乙烯醇在水中充分分散。然后缓慢升温至 90℃，并保温 30~60min，直至聚乙烯醇完全溶解。

③ 将丙烯酰胺溶液升温至 60℃，然后将溶解的聚乙烯醇溶液倒入丙烯酰胺溶液中，搅拌均匀。

④ 加入 N,N'-亚甲基双丙烯酰胺 0.15g 搅拌均匀。

⑤ 加入 2%过硫酸铵溶液 5mL(相当于过硫酸铵质量 0.1g)和 2%亚硫酸氢钠溶液 2.5mL(相当于亚硫酸氢钠质量 0.05g)，搅拌均匀，反应温度 60℃，保温反应 4h。

⑥ 保温反应结束，取出成品即得到互穿网络聚合冻胶体。

⑦ 按照 2.1.2 章节中方法进一步制备成互穿网络聚合体堵剂颗粒。

2.2.2.4　互穿网络聚合体堵剂

按照上述合成方法，利用不同第一网络制备的互穿网络聚合冻胶体见图 2-13。

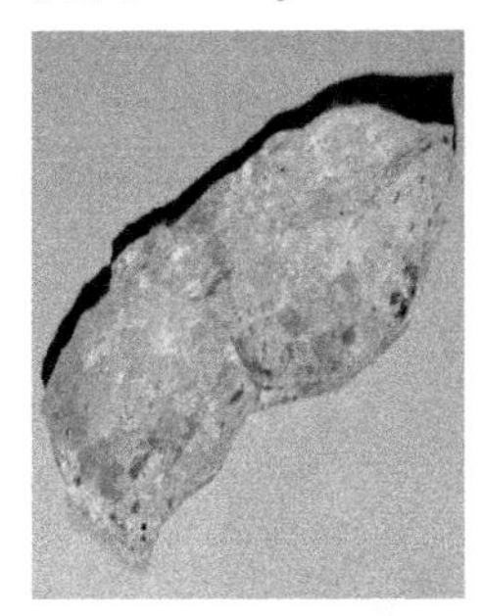
(a)普通预交联体

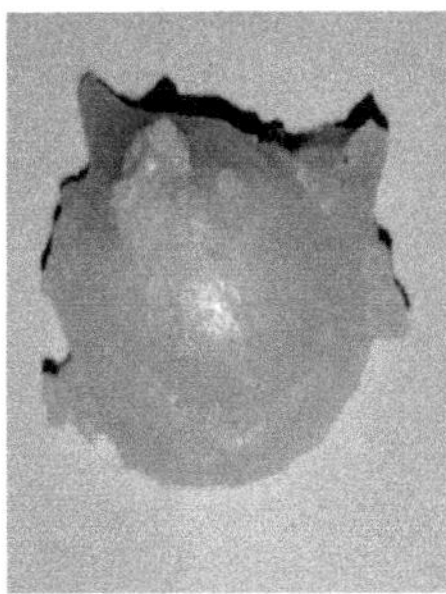
(b)锂基膨润土

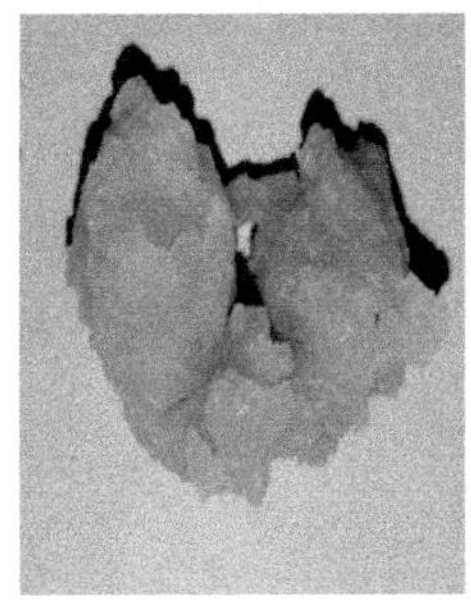
(c)绢云母

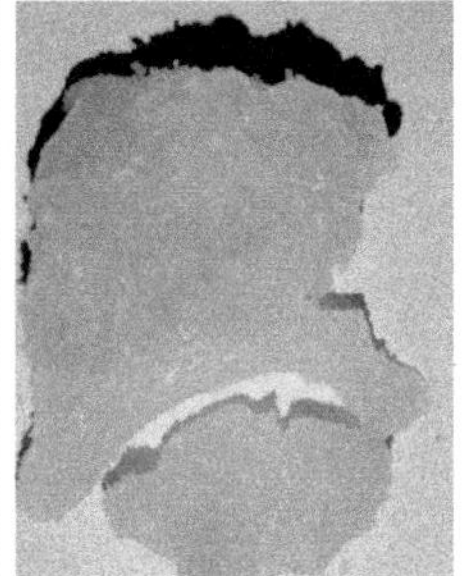
(d)4A沸石

图 2-13　不同第一网络体制备的互穿网络聚合冻胶体

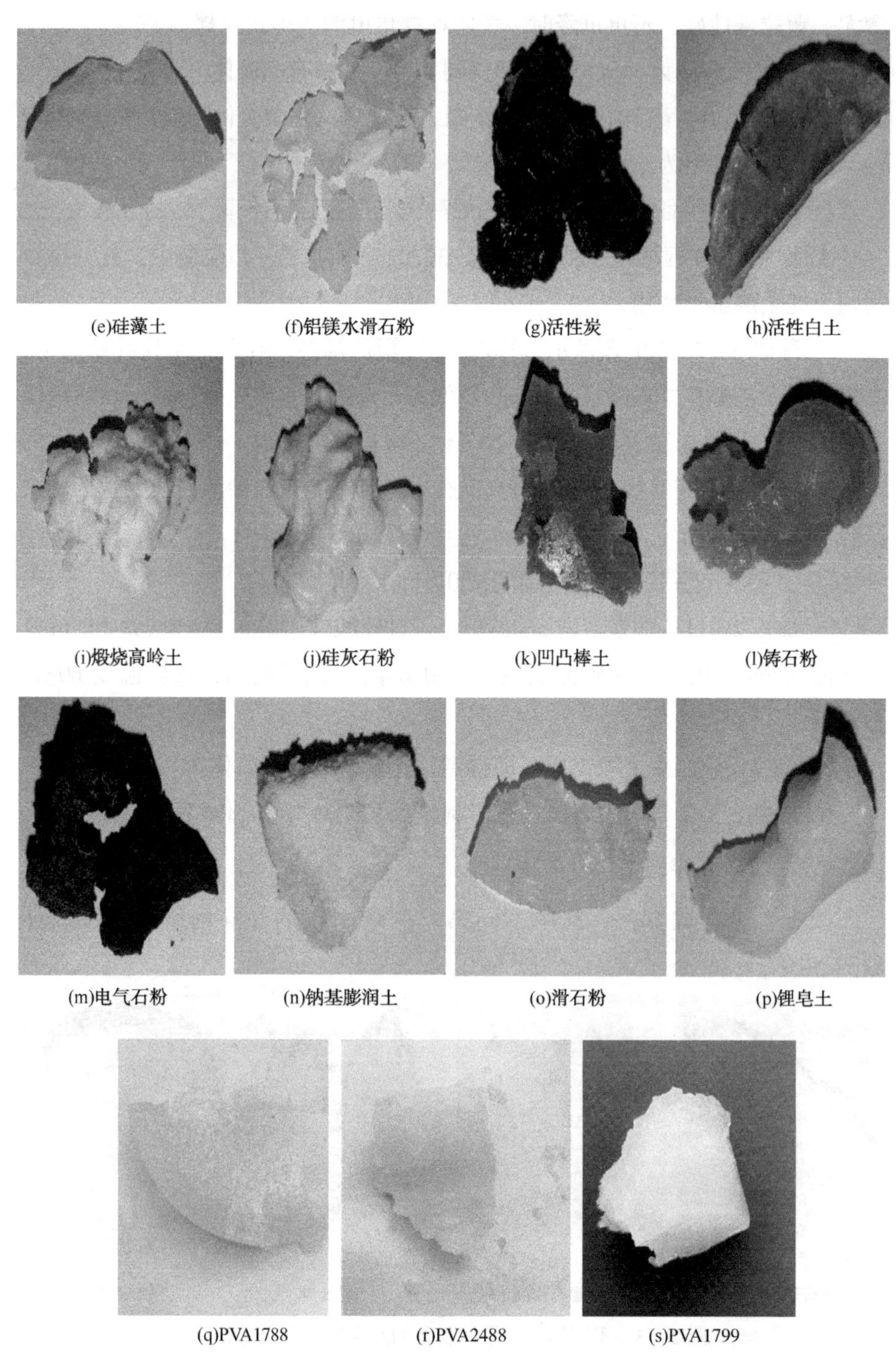
(e)硅藻土 (f)铝镁水滑石粉 (g)活性炭 (h)活性白土
(i)煅烧高岭土 (j)硅灰石粉 (k)凹凸棒土 (l)铸石粉
(m)电气石粉 (n)钠基膨润土 (o)滑石粉 (p)锂皂土
(q)PVA1788 (r)PVA2488 (s)PVA1799

图 2-13 不同第一网络体制备的互穿网络聚合冻胶体(续)

制备的互穿网络聚合冻胶体的强度采用直观触摸法对其性能进行初步筛选分类。直观评价互穿网络聚合体强度的指标主要有抗压强度、抗拉强度、韧性与塑性。

① 抗压强度，即以一定的速度压缩一定截面积的试样到某一压缩高度(常用压缩75%的试样高度)所需要的载荷，一般通过压缩实验进行测定。

计算公式为：

$$\tau = F/A_0$$

式中　τ——压缩强度，MPa；

F——压缩荷载，N；

A_0——吸水凝胶未变形的横截面积，mm^2。

② 抗拉强度，即以一定的速度拉伸一定截面积的试样(常见试样形状为哑铃状和长条状)至断裂所需要的载荷，通常采用拉伸试验进行测定。

计算公式为：

$$\sigma = P/(b \times h)$$

式中　σ——拉伸强度，MPa；

P——破坏载荷(最大载荷)，N；

b——试样宽度，mm；

h——试样厚度，mm。

③ 韧性是指材料在破裂前所能吸收的能量与体积的比值[108]，对于互穿网络聚合体，通过压缩规则形状的一定截面积试样至破碎时的最大载荷来表征。

④ 塑性是指通过材料的断裂延伸率来表征的变形能力。

制备的互穿网络聚合冻胶体宏观形态与强度直观评价结果见表2-5。表中抗压强度、抗拉强度、韧性与塑性评价等级采用1~5数字表示，1代表性能最差，5代表性能最好。

由表2-5互穿网络聚合冻胶体强度直观评价可以看出，大部分经过互穿网络改性后，强度指标都有所增强。其中聚乙烯醇树脂由于具有架状结构多孔微粒，改变性能最佳。分析认为有两个方面的原因：①聚乙烯醇树脂完全水溶，分散性好，与第二网络相互贯穿性更好；②与架状结构多孔介质微粒具有的“四面体”“八面体”的立体“刚性”分子结构相比，聚乙烯醇分子链为线型，本身具有柔性特性，在提高抗拉特性与塑性方面均具有优势。综合考虑聚乙醇树脂溶解性难易程度与其互穿冻胶体的强度，优选的聚乙烯醇树脂为

PVA1788(分子量 17 万，水解度 88%)。

表 2-5 分步法制备互穿网络聚合冻胶体形态描述与强度直观评价

第一网络体	互穿网络聚合冻胶体形态	强度直观评价			
		抗压强度	抗拉强度	韧性	塑性
—	无色透明冻胶体	4	2	4	2
活性炭	黑色冻胶体，第一网络体分散均匀	5	2	5	2
活性白土	冻胶体分层，上层无色透明，下层土色	上层 4 下层 5	上层 2 下层 5	上层 4 下层 5	上层 2 下层 5
锂皂土	米白色冻胶体，第一网络体分散均匀	5	4	5	3+
沸石粉	透明白色冻胶体，第一网络体分散均匀	4	2	3	1+
电气石粉	黑色冻胶体，第一网络体分散均匀	4	3+	4	3
硅藻土	透明白色冻胶体，第一网络体分散均匀	4	2	4	2
铝镁水滑石粉	透明白色冻胶体，第一网络体分散均匀	上层 3 下层 4	上层 1.5 下层 3	上层 3 下层 4	上层 1.5 下层 3
锂基膨润土	米白色冻胶体，第一网络体分散均匀	4+	3	4+	3
绢云母	米白色冻胶体，第一网络体分散均匀	4+	4	4	3+
钠基膨润土	黄白色冻胶体，第一网络体分散均匀	4+	2+	4+	2+
煅烧高岭土	乳白色冻胶体，第一网络体分散均匀	3	3	5	4
硅灰石粉	白色冻胶体，第一网络体分散均匀	4	3	4	3

续表

第一网络体	互穿网络聚合冻胶体形态	强度直观评价			
		抗压强度	抗拉强度	韧性	塑性
凹凸棒土	土棕色冻胶体，第一网络体分散均匀	3+	2	3+	2
铸石粉	灰绿色冻胶体，第一网络体分散均匀	5	2	5	2
滑石粉	上层透明白色冻胶体，下层白色冻胶体，第一网络体分散均匀	上层 3+ 下层 5	上层 1+ 下层 4	上层 3+ 下层 5	上层 1+ 下层 4
PVA1788	浅白色冻胶体，无明显相分离	5	4	5	4
PVA1799	浅白色冻胶体，无明显相分离	5	4	5	4
PVA2488	浅白色冻胶体，无明显相分离	5	3.5	5	3.5

架状结构多孔微粒的第一网络体中，活性炭、锂皂土、锂基膨润土、钠基膨润土、绢云母与铸石粉增强了抗压强度与韧性；第一网络体锂皂土、电气石粉、锂基膨润土、绢云母、煅烧高岭土、硅灰石粉等则提高了抗拉强度与塑性。综合评价，第一网络体锂皂土、电气石粉、锂基膨润土、绢云母、钠基膨润土、煅烧高岭土、硅灰石粉制备互穿网络聚合体性能较突出。

特别指出，采用第一网络体活性白土与滑石粉制备的冻胶体虽然出现了分层，但是分层的底部冻胶体性能却非常突出，特别是活性白土，如果有合适的提高第一网络体分散的制备方法，由此制备的互穿网络聚合体的性能也值得关注。

当前水膨体类堵剂在封堵强度方面一般具有良好的表现，但在耐剪切性方面却存在不足。抗拉强度与塑性指标体现了冻胶体的耐剪切性能，需要重点关注。因此优选架状结构多孔微粒第一网络体锂皂土、绢云母、电气石粉、煅烧高岭土，聚乙烯醇 PVA1788 制备的互穿网络聚合体进行后续评价。

按照 2.1.2 章节中方法，优选锂皂土、绢云母、电气石粉、煅烧高岭土与聚乙醇制备的互穿网络聚合体及冻胶预交联体进行造粒，见图 2-14。

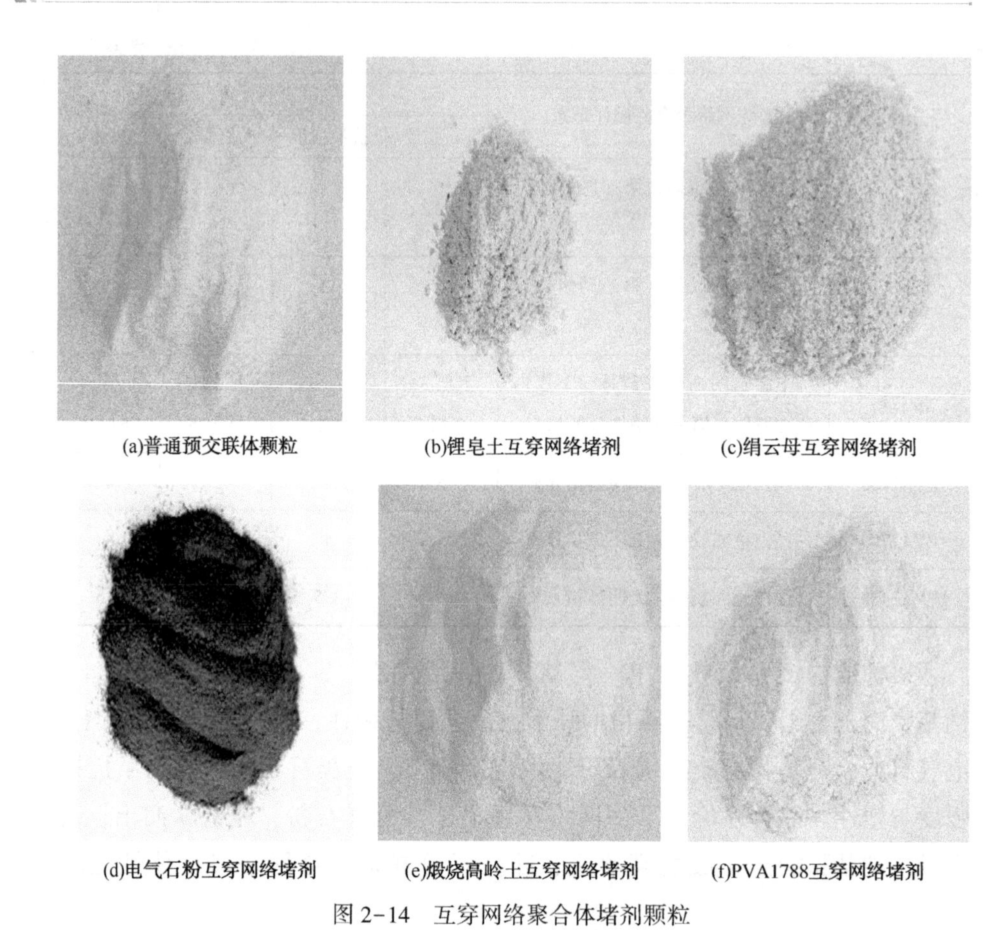

图 2-14　互穿网络聚合体堵剂颗粒

2.2.3　同步法制备

同步法制备是按不同反应机理同时进行两个互不干扰的平行反应，得到两个互相贯穿的聚合物网络，要求聚合单体Ⅰ与聚合单体Ⅱ聚合条件相当，并且两种聚合单体的交联剂、引发剂不相互影响，虽然制备方法简单，但是满足以上条件的聚合体系实现起来却较难。考虑到提高最终制备的堵剂强度，树脂交联作为另一种聚合体，不需要引发剂即可固化，且强度高，在丙烯酰胺/丙烯酸聚合的条件下，可以实现固化。选用树脂为环氧树脂、氨基树脂以及聚乙烯醇树脂。

2.2.3.1 实验方法

(1) 环氧树脂/丙烯酰胺互穿网络

环氧树脂是指带有二个及以上环氧基团的热塑性低聚物，油溶性，难以水溶，制备互穿网络聚合体前，先制备乳液。实验采用双酚 A 型环氧树脂 E-44，结构通式见式(2-4)。

$$\underset{\diagdown O \diagup}{H_2C—CH}—CH_2—\left[O—C_6H_4—\overset{CH_3}{\underset{CH_3}{C}}—C_6H_4—O—CH_2—\overset{H}{C}—CH_2\right]_n—O—C_6H_4—\overset{CH_3}{\underset{CH_3}{C}}—C_6H_4—O—CH_2—\underset{\diagdown O \diagup}{\overset{H}{C}—CH_2} \tag{2-4}$$

采用课题组前期制备环氧树脂乳液的方法制备环氧树脂乳液[109]，首先利用端羟基亲核性强的 PEG-6000 与 E-44 通过亲核加成反应制备水性乳化剂，反应式见式(2-5)。

$$\underset{\diagdown O \diagup}{CH_2—CH}— + H^+ (或HA) \rightleftharpoons \underset{CH_2}{\overset{|}{CH}}\rangle OH^+ \quad 或 \quad \underset{CH_2}{\overset{|}{CH}}\rangle OHA \xrightleftharpoons{+R'OH} R'—\underset{H \cdots\cdots (A)HO}{O}\cdots\cdots CH_2—CH—$$

$$\longrightarrow R'O\underset{OH}{CH_2}—CH \quad 或 \quad R'O—\underset{|}{CH}—CH_2—OH + H^+ (或HA) \tag{2-5}$$

利用环氧树脂 E-44 与改性的水性乳化剂采用相反转法制备环氧树脂乳液，采用酚醛类固化剂可进行乳液固化，固化反应式见式(2-6)。

$$HO—CH_2—\left[C_6H_2(OH)—CH_2\right]_n—C_6H_2(OH)—CH_2OH + \underset{\diagdown O \diagup}{CH_2—CH}—\underset{OH}{R'}—\underset{\diagdown O \diagup}{CH_2—CH} \longrightarrow$$

$$\underset{\diagdown O \diagup}{CH_2—CH}—\left[\underset{OH}{R'}\right]_p—\underset{OH}{CH}—CH_2—O— \cdots \quad CH_2—\underset{OH}{CH}—\left[\underset{OH}{R'}\right]_p—\underset{\diagdown O \diagup}{CH—CH_2}$$

$$HO—CH_2—\left[C_6H_3(O—)—CH_2\right]_q—C_6H_3(O—)—CH_2OH \longrightarrow \tag{2-6}$$

$$\underset{\diagdown O \diagup}{CH_2—CH}—\left[R'\right]_p—\overset{OH}{CH}—CH_2—O— \quad CH_2—\overset{OH}{CH}—\left[R'\right]_p—\underset{\diagdown O \diagup}{CH—CH_2} + 2H_2O$$

$$—O—CH_2—\left[C_6H_3—CH_2\right]_q—C_6H_3—CH_2—O—$$

制备环氧树脂/丙烯酰胺互穿网络聚合物的第一聚合网络体系：丙烯酸或丙烯酰胺为聚合单体、N,N'-亚甲基双丙烯酰胺为交联剂、过硫酸铵-亚硫酸氢钠氧化还原体系为引发剂；第二聚合网络体系：酚醛树脂乳液、酚醛固化剂。混合均匀后，采用氮气作为保护气源，保温反应8h。

(2) 氨基树脂/丙烯酰胺互穿网络

氨基树脂是由含有氨基的化合物如尿素、三聚氰胺或苯代三聚氰胺与甲醛和醇类经缩聚而成的树脂的总称，重要的树脂有脲醛树脂(UF)、三聚氰胺甲醛树脂(MF)和聚酰胺多胺环氧氯丙烷(PAE)等[110]。三聚氰胺甲醛树脂的耐热性与耐水性高于酚醛树脂、脲醛树脂，故选用三聚氰胺甲醛树脂进行实验。

三聚氰胺甲醛树脂中的羟甲基(—CH_2OH)同羟甲基和活性氢之间可以发生聚合反应实现自聚合固化，见反应式(2-7)。

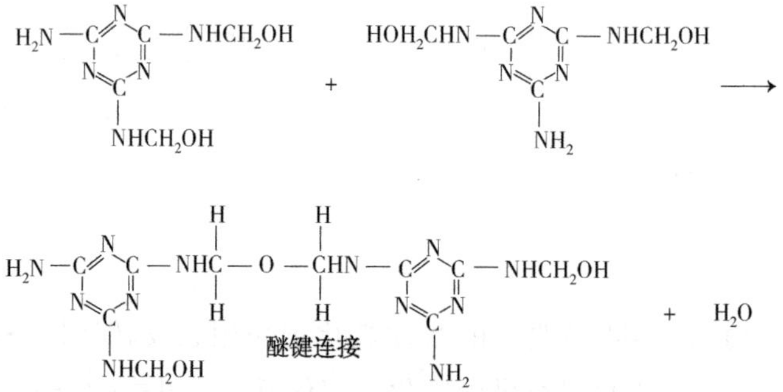

$$H_2N{-}C_3N_3(NHCH_2OH){-}NHCH_2OH + HOH_2CHN{-}C_3N_3(NH_2){-}NHCH_2OH \longrightarrow H_2N{-}C_3N_3(NHCH_2OH){-}NHCH_2{-}O{-}CH_2HN{-}C_3N_3(NH_2){-}NHCH_2OH + H_2O \quad \text{(醚键连接)} \tag{2-7}$$

也可加入固化剂使羟甲基氨基单体直接亚甲基化加速固化，见反应式(2-8)。

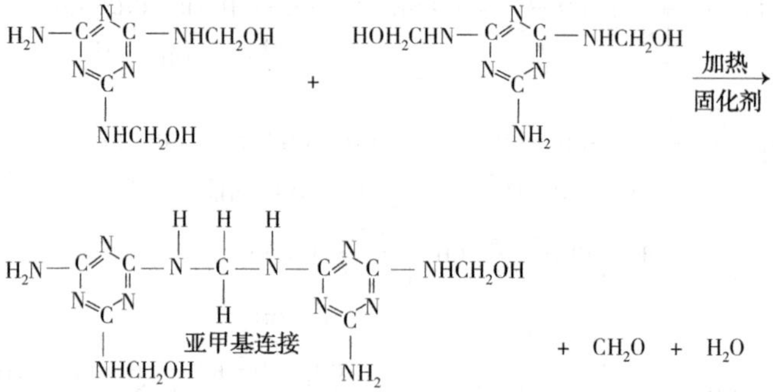

$$H_2N{-}C_3N_3(NHCH_2OH){-}NHCH_2OH + HOH_2CHN{-}C_3N_3(NH_2){-}NHCH_2OH \xrightarrow[\text{固化剂}]{\text{加热}} H_2N{-}C_3N_3(NHCH_2OH){-}NH{-}CH_2{-}NH{-}C_3N_3(NH_2){-}NHCH_2OH + CH_2O + H_2O \quad \text{(亚甲基连接)} \tag{2-8}$$

制备氨基树脂/丙烯酰胺互穿网络聚合物的第一聚合网络体系：丙烯酸或丙烯酰胺为聚合单体、N,N'-亚甲基双丙烯酰胺为交联剂、过硫酸铵-亚硫酸

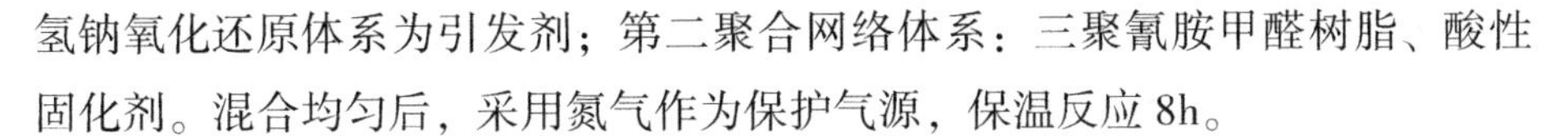

氢钠氧化还原体系为引发剂；第二聚合网络体系：三聚氰胺甲醛树脂、酸性固化剂。混合均匀后，采用氮气作为保护气源，保温反应 8h。

(3) 聚乙烯醇树脂/丙烯酰胺互穿网络

聚乙烯醇水溶液对硼酸根离子 $B(OH)_4^-$(常见有硼砂、硼酸等)很敏感，可使其凝胶化，反应见式(2-9)。

$$2\ \left[\begin{array}{l}\sim CHOH \\ \quad H_2C \\ \quad\quad CHOH \\ \quad H_2C\sim\end{array}\right] + B(OH)^-_4 \longrightarrow \left[\begin{array}{ccccc} \sim HC & O & & O & CH\sim \\ H_2C & & B^- & & CH_2 \\ HC & O & & O & CH \\ \sim H_2C & & & & CH_2\sim \end{array}\right] + 4H_2O \tag{2-9}$$

制备聚乙烯醇树脂/丙烯酰胺互穿网络聚合物的第一聚合网络体系：丙烯酸或丙烯酰胺为聚合单体、*N*,*N′*-亚甲基双丙烯酰胺为交联剂、过硫酸铵-亚硫酸氢钠氧化还原体系为引发剂；第二聚合网络体系：聚乙烯醇树脂、硼酸。先溶解聚乙烯醇，然后将其他物质混合均匀后，采用氮气作为保护气源，保温反应 8h。

2.2.3.2　实验条件

根据分步法制备互穿网络聚合体的实验条件优选，丙烯酰胺第一网络聚合体系的聚合单体质量浓度为 15.0%，交联剂量为聚合单体总量的 1.0%；引发剂为过硫酸铵与亚硫酸氢钠(摩尔比为 1∶1)的复合体系，用量为单体总量的 1.0%；溶解温度 30℃，反应温度 60℃；氮气保护。

环氧树脂与三聚氰胺甲醛树脂第二网络聚合体与第一网络聚合体质量比采用 1∶1；考虑聚乙烯醇溶解度，采用聚乙烯醇浓度为 5.0%。环氧树脂、三聚氰胺甲醛树脂固化剂的浓度为树脂量的 1.0%；聚乙烯醇交联剂浓度为总溶液浓度的 1.0%。

2.2.3.3　制备步骤

(1) 环氧树脂/丙烯酰胺互穿网络

① 称取 15.0g 丙烯酰胺，加到盛有 62.0g 蒸馏水的三口烧瓶中，充分搅拌均匀至完全溶解，待用。

② 称 15.0g 环氧树脂乳液，加入 0.15g 固化剂，搅拌均匀。

③ 将②中环氧树脂乳液体系缓慢加到①中丙烯酰胺溶液中，搅拌均匀。

④ 加入 *N*,*N*′-亚甲基双丙烯酰胺 0.15g，搅拌均匀。

⑤ 加入 2%过硫酸铵溶液 5mL（相当于过硫酸铵质量 0.1g）和 2%亚硫酸氢钠溶液 2.5mL（相当于亚硫酸氢钠质量 0.05g），搅拌均匀，反应温度 60℃，保温反应 8h。

⑥ 保温反应结束，取出成品即得到互穿网络聚合冻胶体。

⑦ 按照 2.1.2 章节中方法进一步制备成互穿网络聚合体堵剂颗粒。

（2）氨基树脂/丙烯酰胺互穿网络

除步骤②外，其他步骤同环氧树脂/丙烯酰胺互穿网络制备步骤。氨基树脂/丙烯酰胺互穿网络制备步骤②为：称 15.0g 三聚羟胺甲醛树脂粉末、0.15g 氯化铵固化剂。

（3）聚乙烯醇树脂/丙烯酰胺互穿网络

① 称取 15.0 丙烯酰胺，加到盛有 30.0g 蒸馏水的三口烧瓶中，充分搅拌均匀至完全溶解，待用。

② 称取 42.2g 蒸馏水，称取 5.0g 聚乙烯醇。在蒸馏水搅拌状态下，缓慢加入聚乙烯醇，并不断搅拌 30min，使聚乙烯醇在水中充分分散。然后缓慢升温至 90℃，并保温 30~60min，直至聚乙烯醇完全溶解。

③ 将丙烯酰胺溶液升温至 60℃，然后将溶解的聚乙烯醇溶液倒入丙烯酰胺溶液中，搅拌均匀。

④ 加入 *N*,*N*′-亚甲基双丙烯酰胺 0.15g，搅拌均匀。

⑤ 加入 2%过硫酸铵溶液 5mL（相当于过硫酸铵质量 0.1g）和 2%亚硫酸氢钠溶液 2.5mL（相当于亚硫酸氢钠质量 0.05g），搅拌均匀。

⑥ 加入 1.0g 硼酸，搅拌均匀，温度 60℃，保温反应 8h。

⑦ 保温反应结束，取出成品即得到互穿网络聚合冻胶体。

⑧ 按照 2.1.2 章节中方法进一步制备成互穿网络聚合体堵剂颗粒。

2.2.3.4 互穿网络聚合体堵剂

按照上述合成方法，同步法制备的互穿网络聚合冻胶体见图 2-15。

环氧树脂/丙烯酰胺交联互穿网络聚合体为均匀的乳白色凝胶体，氨基树脂/丙烯酰胺互穿网络聚合体为白色与透明交替的不均匀凝胶体，聚乙烯醇/丙烯酰胺互穿网络聚合体为偏白色透明均匀凝胶体。

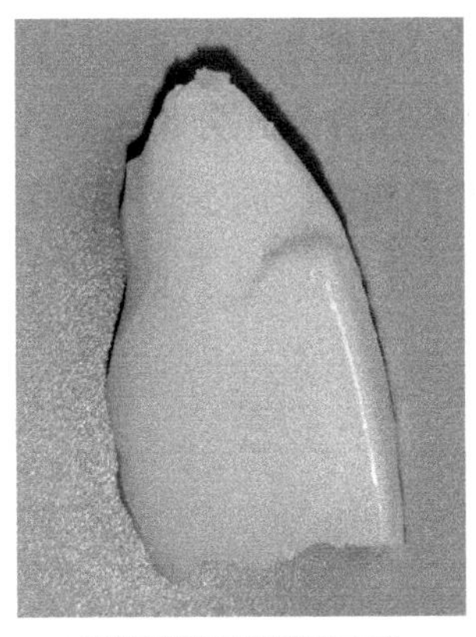
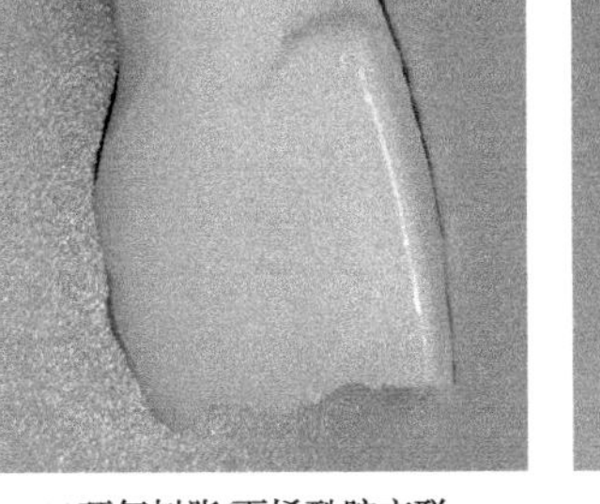

(a)环氧树脂/丙烯酰胺交联

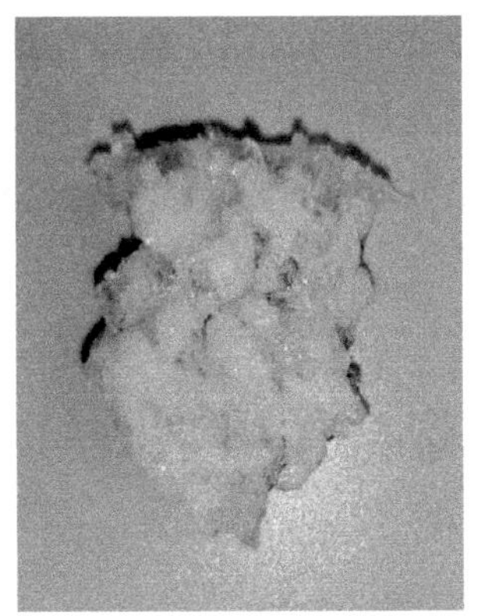

(b)氨基树脂/丙烯酰胺交联

(c)聚乙烯醇/丙烯酰胺交联

图 2-15　不同第一网络体制备的互穿网络聚合冻胶体
(彩图见书后附录)

制备的互穿网络聚合冻胶体的强度采用直观观察与触摸法对其性能进行初步筛选分类评价。结果见表 2-6。

表 2-6　同步法制备互穿网络聚合冻胶体形态描述与强度直观评价

聚合体	互穿网络聚合冻胶体形态	强度直观评价			
		抗压强度	抗拉强度	韧性	塑性
环氧树脂/丙烯酰胺	乳白色固体，无相分离现象，强度大，略偏硬	5+	5	5+	3
氨基树脂/丙烯酰胺	白色胶体，有相分离现象	5	3	5	3
聚乙烯醇/丙烯酰胺	偏白色透明胶体，无相分离现象	5	4+	5	4+

由表 2-6 互穿网络聚合冻胶体强度直观评价可以看出，同步法制备的互穿网络聚合体强度有了较大提升，主要是由于同步法互穿网络聚合得到的聚合物网络互穿程度更高，强迫互融性更强。

环氧树脂/丙烯酰胺同步互穿网络聚合体虽然强度高，但是成品偏硬，弹性不足，且环氧树脂乳液体系制备工艺相对复杂，实施难度较大。氨基树脂/丙烯酰胺同步互穿网络聚合体会出现相分离现象，分析原因是三聚羟胺甲醛树脂粉末溶解过程中浓度太低，悬浮分散性较差，会出现白色膏状絮凝团。如果提升三聚羟胺甲醛树脂粉末浓度，聚合体硬度大，不适合制备弹性颗粒堵剂。聚乙烯醇/丙烯酰胺同步互穿网络聚合体在弹性、韧性与强度方面均表现出良好的特性，且通过聚乙烯醇进一步地交联，在强度方面比分步法制备的同步互穿网络聚合体性能更优。因此筛选聚乙烯醇/丙烯酰胺同步互穿网络聚合体系进行评价。

2.3 互穿网络聚合体堵剂表征

2.3.1 微观结构形态

(1) 互穿网络聚合体相分离观察

采用体式显微镜观察剪切破碎的优选的互穿网络聚合冻胶体微粒内架状结构多孔微粒与 PVA 树脂的分布分散情况，并选择强度不高的沸石粉互穿网络聚合体作为对比，实验结果见图 2-16。

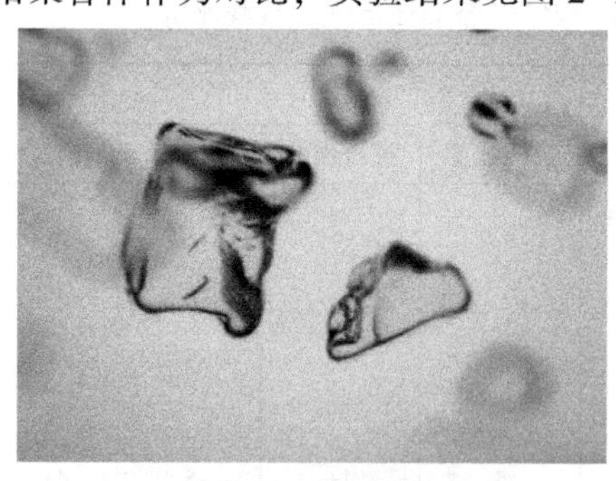

(a)普通预交联体水膨体

(b)绢云母互穿网络聚合体

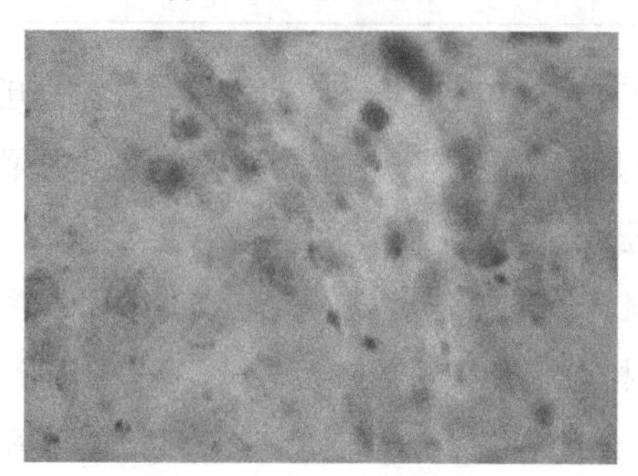

(c)电气石粉互穿网络聚合体

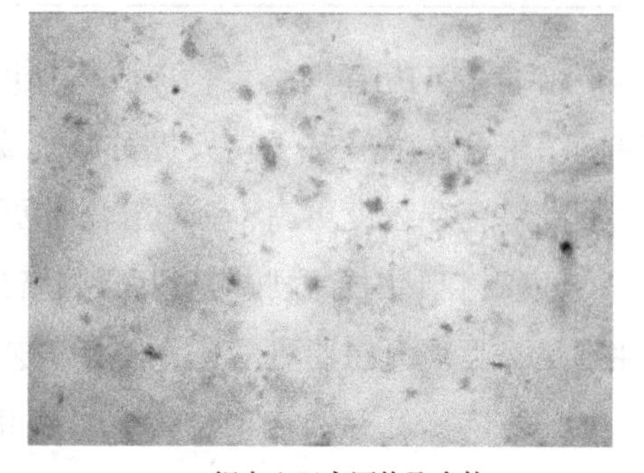

(d)锂皂土互穿网络聚合体

图 2-16 互穿网络聚合冻胶体相分布体式显微镜照片

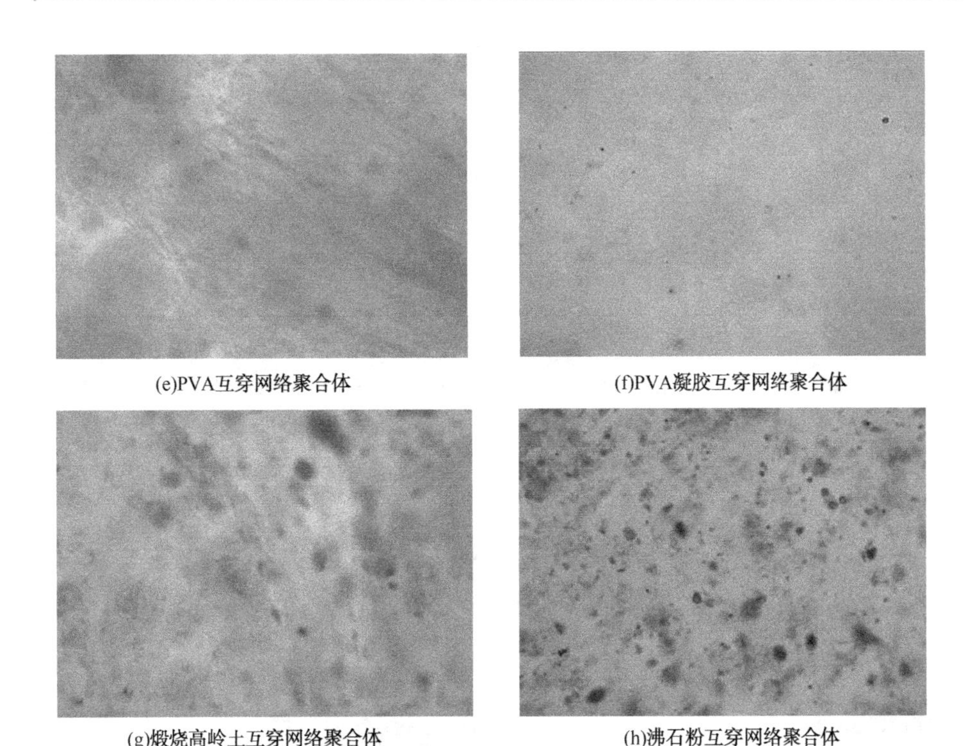

(e)PVA互穿网络聚合体　(f)PVA凝胶互穿网络聚合体

(g)煅烧高岭土互穿网络聚合体　(h)沸石粉互穿网络聚合体

图 2-16　互穿网络聚合冻胶体相分布体式显微镜照片(续)

由图 2-16，普通预交联体呈现透明色，而互穿网络聚合体颜色则略深，说明通过网络互穿，改变了原丙烯酰胺凝胶的结构形态。沸石粉作为第一网络的互穿网络聚合体具有较明显的颗粒相分离特征，煅烧高岭土、锂皂土、电气石粉次之，绢云母、PVA、PVA 凝胶则不具有明显的相分离特征。

对比表 2-5 中数据，相分离特征越不明显，制备的互穿网络聚合体的强度越大。这是由于不明显的相分离表征了网络互穿程度高，从而使丙烯酰胺凝胶网络更加多维化，进而表现出强度的提高。

为进一步观察互穿网络聚合体的相分离形态，对沸石粉互穿网络聚合体与 PVA 互穿网络聚合体进行透射电镜扫描(TEM)，结果见图 2-17 与图 2-18。

图 2-17 投射电镜扫描照片显示沸石粉颗粒边界清晰，说明丙烯酰胺聚合体与沸石粉颗粒之间相融合度差，相分离明显。图 2-18 图片未见明显的边界线，无明显相分离投影，区域过渡柔和，说明 PVA 与聚丙烯酰胺融合度高。

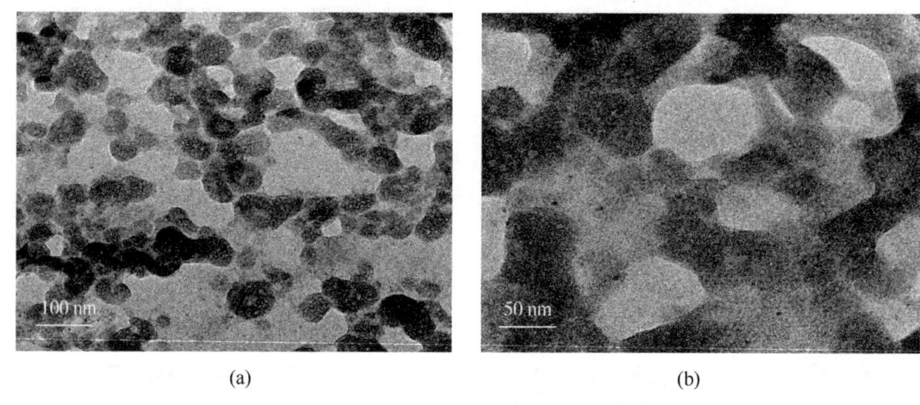

(a)　　(b)

图 2-17　沸石粉互穿网络聚合体 TEM

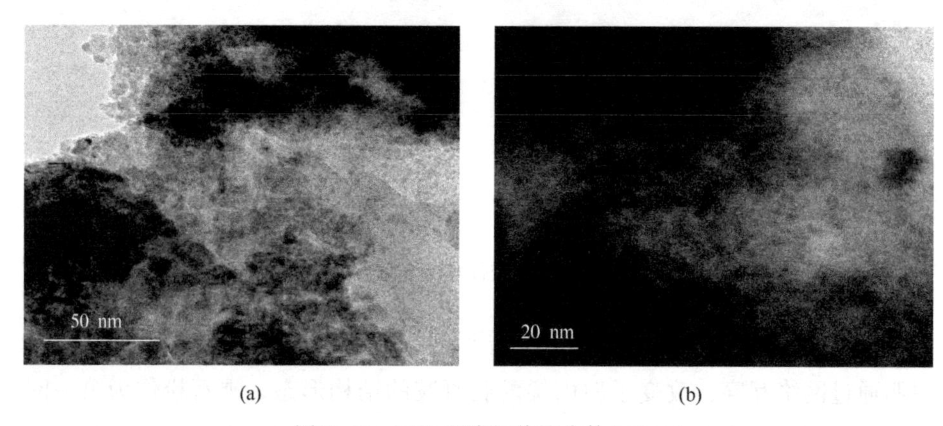

(a)　　(b)

图 2-18　PVA 互穿网络聚合体 TEM

（2）互穿网络聚合体微观形貌

将互穿网络聚合冻胶体冻干，利用场发射扫描电子显微镜观察微观结构形貌。结果见图 2-19。

图 2-19 可以看出，沸石粉颗粒与聚丙烯酰胺交联体结合部不紧密，并未形成实质的互穿网络结构，大部分的沸石粉颗粒“游离”在丙烯酰胺交联体之外，具有明显的相分离。观察图 2-19 中沸石粉颗粒形态发现，沸石粉颗粒基本都是以团聚体的状态存在，分析原因可能是由于多孔架状结构的沸石粉颗粒较小，具有较高的表面能，在颗粒间的静电力、范德华力等作用下形成团聚体，在制备合成过程中的机械搅拌动力不能将其完全分散，从而被包覆于丙烯酰胺交联体中。被包覆的沸石粉团聚体颗粒通过氢键等与丙烯酰胺交联

体结合。由于团聚现象，丙烯酰胺水溶液难以进入团聚体，无法实现颗粒内部互穿，表现出明显的相分离特征。

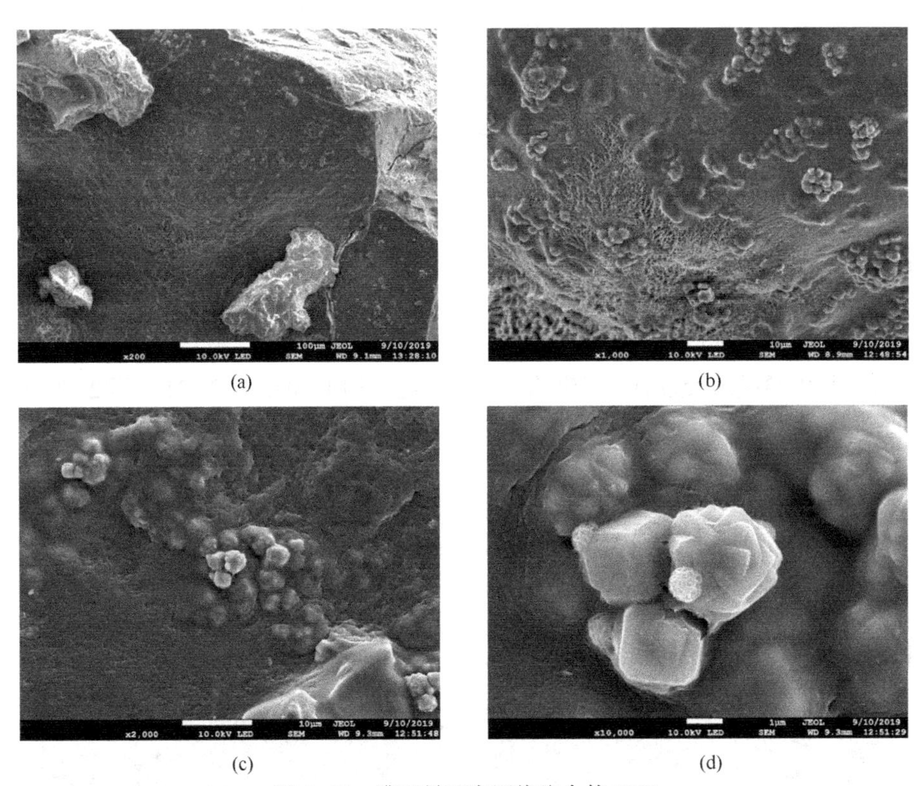

(a) (b) (c) (d)

图 2-19 沸石粉互穿网络聚合体 SEM

颗粒的团聚可能是造成聚合冻胶体韧性与塑性强度降低的原因。对于测试韧性与塑性强度的作用力来说，团聚体的静电力和范德华力作用相对较弱，在对聚合冻胶体进行压缩和拉伸作用时，作用力传递到团聚体上，丙烯酰胺交联的化学键力及团聚体外部与聚合体间的氢键等作用力要高于团聚颗粒间的静电力和范德华力，因此团聚体首先被压开或者撕裂，并形成应力作用点，使得冻胶体更容易压碎或者撕裂，即表现出的韧性和塑性强度降低。

沸石粉互穿网络聚合体拉伸断裂过程示意图见图 2-20。

图 2-20(a)为沸石粉互穿网络聚合体；图 2-20(b)为拉伸作用力作用于冻胶体；图 2-20(c)为随着拉伸作用力的增加，沸石粉团聚体颗粒间静电力和范德华力被消除，由于应力集中，冻胶体开始出现撕裂现象；图 2-20(d)为冻胶体被撕裂状态。

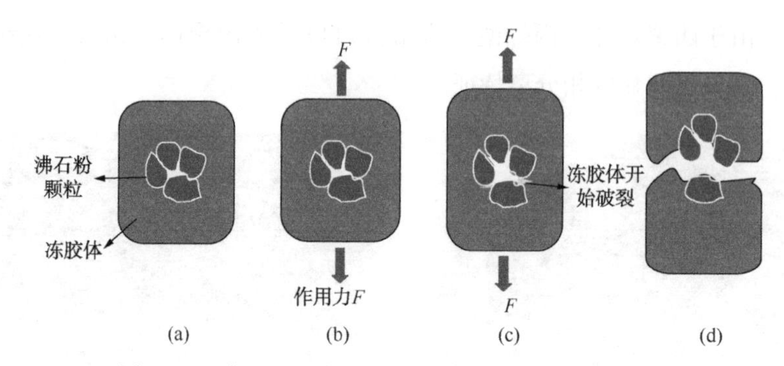

图 2-20　沸石粉互穿网络聚合体拉伸断裂过程示意图

优选的提高冻胶体强度的架状结构多孔微粒绢云母、煅烧高岭土、锂皂土分别与丙烯酰胺交联体互穿网络 SEM 微观结构形貌见图 2-21、图 2-22 与图 2-23。

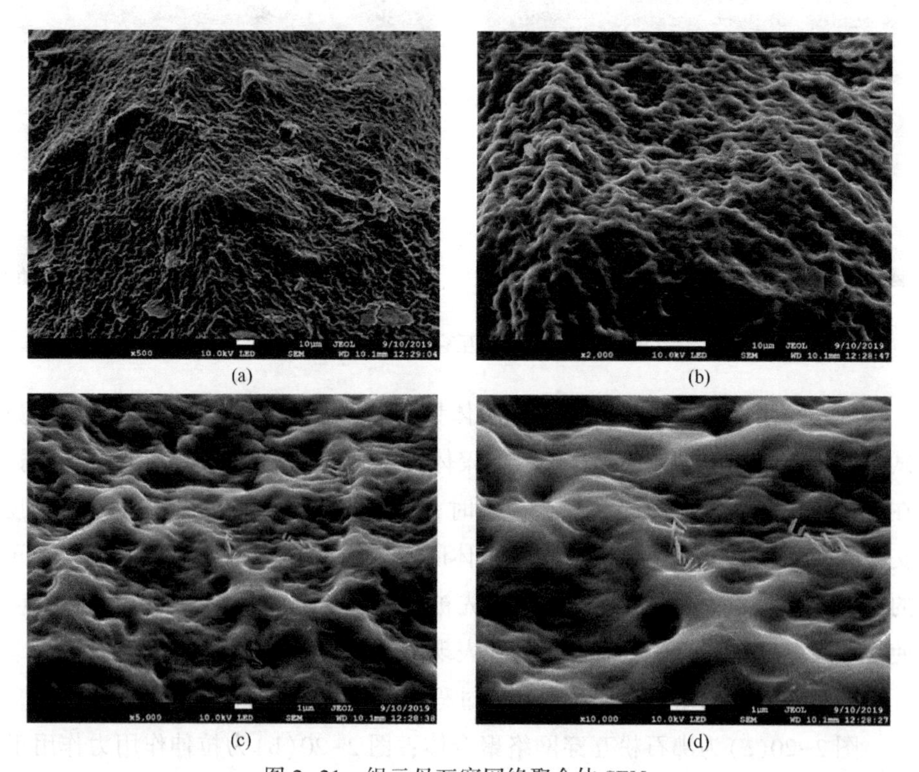

图 2-21　绢云母互穿网络聚合体 SEM

从图 2-21 可以看出，绢云母互穿网络聚合体骨架致密，呈网状分布，并且在交联网状结构中，均匀分布穿插片状与丝状物，即绢云母颗粒。绢云母颗粒无团聚，且片状与丝状颗粒在二维方向随机扩展。这种颗粒均匀穿插分布，颗粒方向无序排列的方式有利于冻胶体强度的提高。

当聚合冻胶体被拉伸或者压缩出现裂纹时，裂纹垂直方向扩展并遇到绢云母颗粒，裂纹扩展受阻。若裂纹进一步扩展，就需要破坏绢云母在聚合交联体中的桥联作用。这种桥联作用的破坏有两个方面，绢云母结构断裂或者使绢云母从聚合冻胶体中解离出来。由于绢云母结构强度大于冻胶交联基体的强度，因此破坏交联作用的作用力主要是破坏固定绢云母的氢键，使其从冻胶交联基体中解离出来。当解离量达到一定程度时，冻胶体发生断裂。因绢云母在冻胶体中的片状与丝状结构，在冻胶体发生断裂的过程中，绢云母从冻胶体中分离、破坏氢键的作用并非在同一裂纹平面。冻胶体断裂主裂纹会沿着绢云母形状发生裂纹转向，使扩展路径增加，增大裂纹表面积，扩展阻力大大增加[111,112]，直观表现为互穿网络聚合体强度增加。

煅烧高岭土互穿网络聚合体 SEM 见图 2-22。

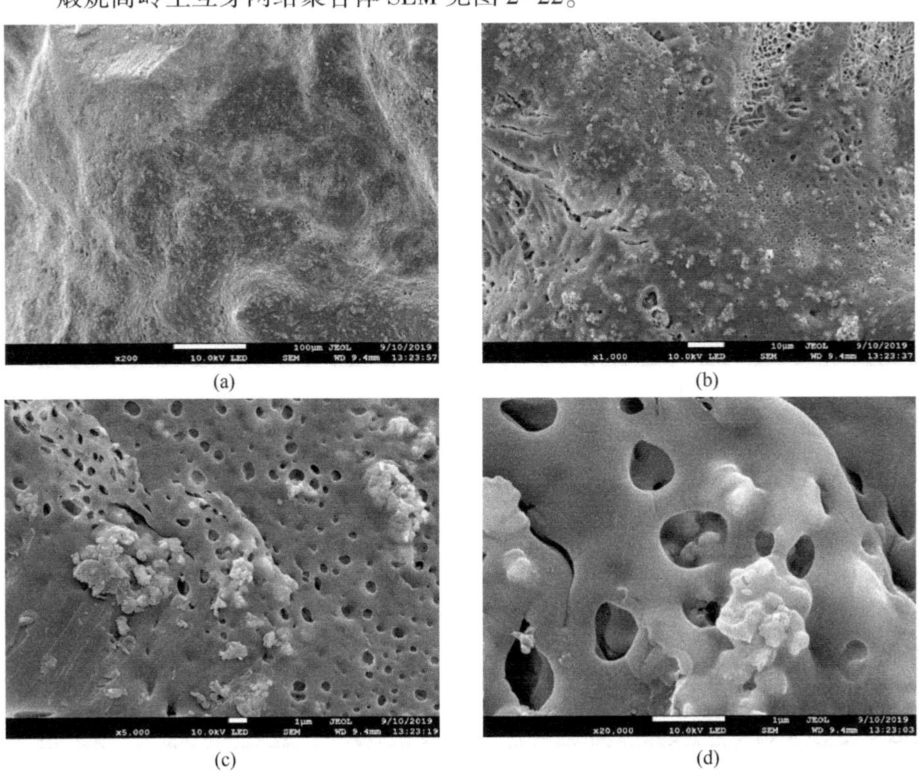

图 2-22　煅烧高岭土互穿网络聚合体 SEM

由图 2-22，与丙烯酰胺交联体结构相比，煅烧高岭土互穿网络聚合体表面相对平整，中间有网孔结构，并“镶嵌”颗粒。颗粒嵌入聚合体骨架，并且颗粒边界模糊，过渡均匀。煅烧高岭土粒径较小且均匀，活性点多，增加交联反应点，使交联结构更加“平整”；煅烧高岭土遇水后会与水作用在表面出现羟基，在丙烯酰胺聚合交联过程中，颗粒被黏附在交联体结构表面与内部。煅烧高岭土互穿网络聚合体“平整面式”的交联结构增加了链节的强度，提高了聚合冻胶体的强度。同时颗粒分散冻胶体结构中形成的裂纹扩展阻力也会提高聚合冻胶体强度，该机理与之前解释相同。

锂皂土互穿网络聚合体 SEM 见图 2-23。由图 2-23，与丙烯酰胺交联体结构相比，锂皂土互穿网络聚合体表面结构更加均匀致密，无相分离。锂皂土为层状结构硅酸盐，二八面体型结构，具有吸水高膨胀性、附加电解作用与有机胶附加作用等特殊性能[113]。锂皂土吸水膨胀后，丙烯酰胺交联单体进入结构内部，聚合过程中实现共混。

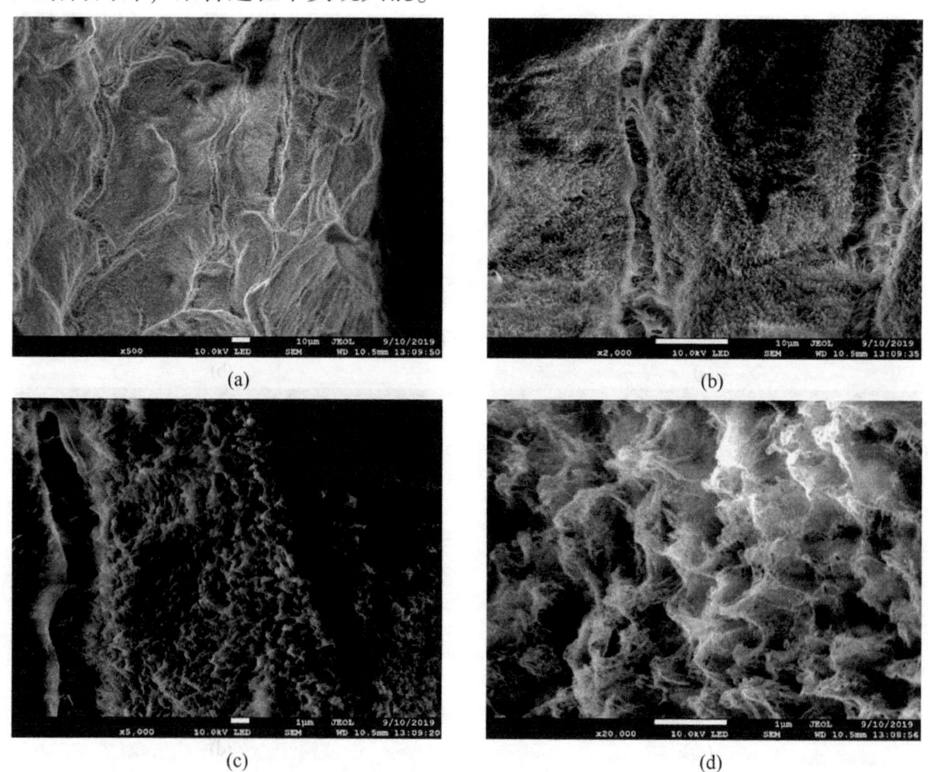

(a) (b) (c) (d)

图 2-23 锂皂土互穿网络聚合体 SEM

图 2-23 中(c)与(d)显示结构整体与丙烯酰胺交联体相似，具有“沟壑、条纹”状脉络。与丙烯酰胺交联体结构不同的是，由于锂皂土被互穿共混，在“沟壑、条纹”状脉络上又具有“尖峰”状小突起。这种共混呈现多维方向，增加了互穿网络聚合体的强度。

图 2-24 与图 2-25 为 PVA、PVA 凝胶互穿网络聚合体 SEM，两者结构均匀、致密，无相分离结构。与丙烯酰胺交联体结构相比，两者的结构更加致密、骨架更加粗壮，这也是 PVA 类互穿网络聚合体提高冻胶体强度的原因。

对比 PVA、PVA 凝胶互穿网络聚合体 SEM 发现，PVA 凝胶互穿网络聚合体的结构更加致密，表现出的网络结构也更加多样，相互缠绕、贯穿结构更加突出。这是由于相对于 PVA，PVA 凝胶又发生了交联过程，形成了新的网络结构，并与丙烯酰胺交联体网络结构互穿，因此 PVA 凝胶互穿网络聚合体的强度要大于 PVA 互穿网络聚合体。

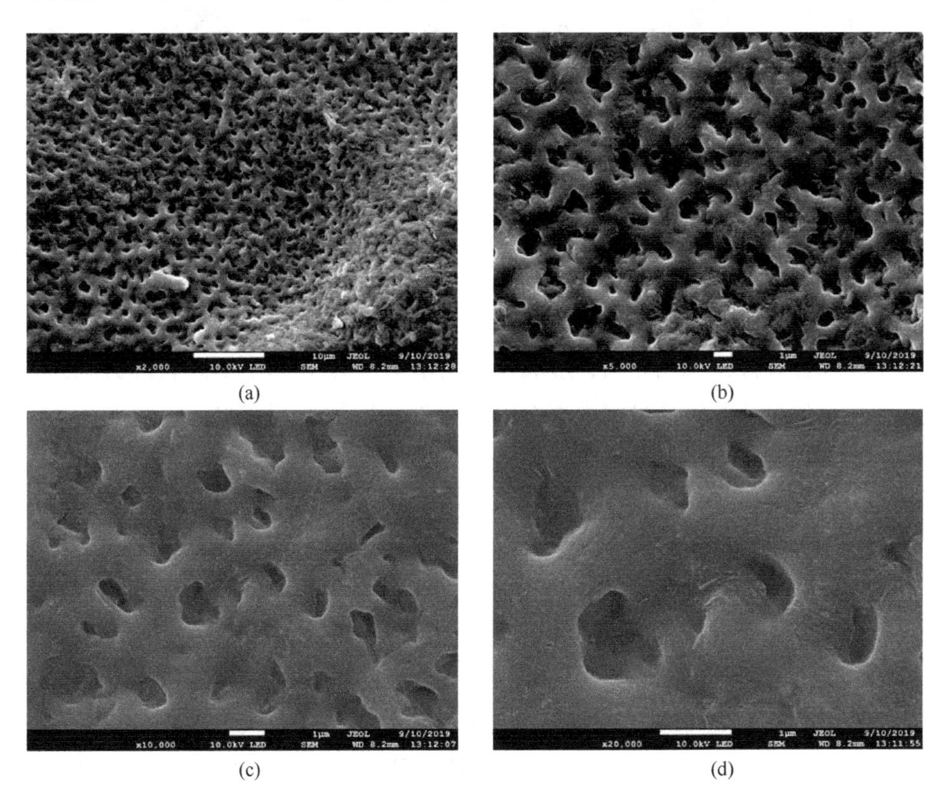

图 2-24　PVA 互穿网络聚合体 SEM

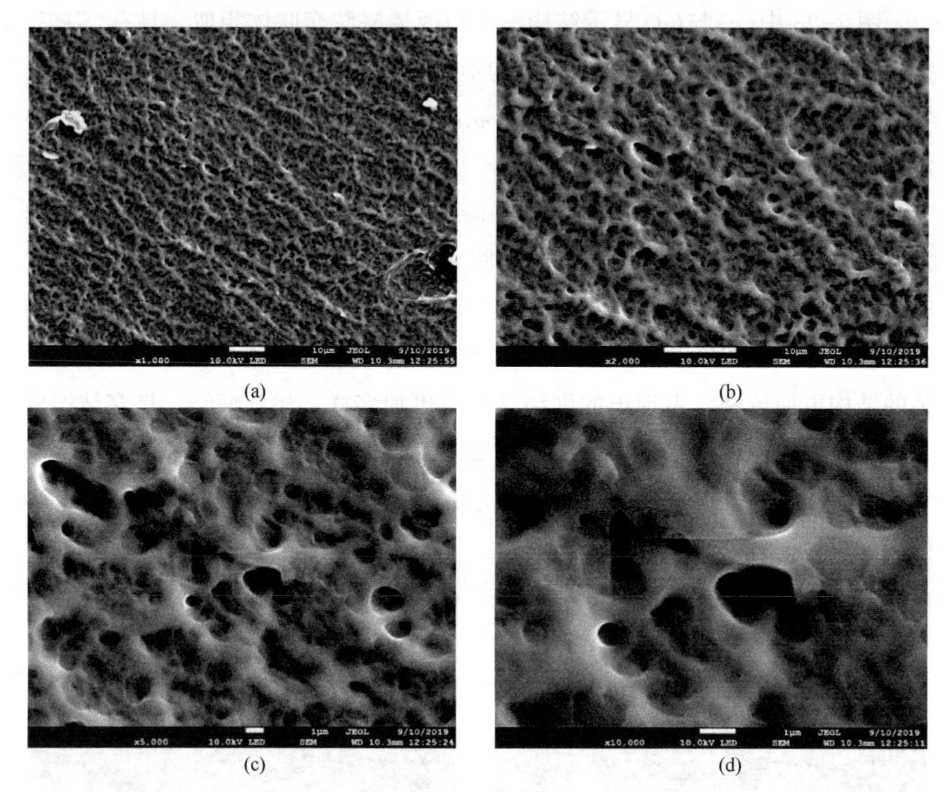

图 2-25　PVA 凝胶互穿网络聚合体 SEM

对比互穿网络聚合体微观结构形态与强度，可得到以下认识：

① 融合度好，无相分离，形成多维网络结构的互穿网络聚合体的强度高；

② 架状多孔微粒通过嵌入聚合网络骨架、增加相剥离阻力、与聚合网络结构共混等作用方式提高互穿网络聚合体的强度；

③ 微粒团聚的特性会降低互穿网络聚合体的强度。

2.3.2　溶胀性能

对于溶胀型堵剂，溶胀速率的大小影响水膨体的注入性与其在地层中的运移性[114]。溶胀速率通过膨胀倍数与膨胀时间的关系曲线来表征，其中膨胀倍数目前主要采用质量膨胀倍数进行评价[76,79,104]。颗粒类堵剂进行地层有效封堵的另一重要因素是颗粒粒径与地层孔喉大小的匹配关系，颗粒粒径及吸水膨胀后的颗粒大小对于储层封堵至关重要。通过质量膨胀倍数评价吸水膨胀型堵剂的膨胀性能无法体现颗粒粒径大小的变化量，鉴于此，采用体积膨胀倍数来表征互穿网络聚合体颗粒堵剂的吸水膨胀性能。

（1）实验方法

采用排体积法测试吸水膨胀倍数与速率。具体方法为：取合适量程的量筒 1，倒入量筒中可测试体积一半的去离子水，记录准确体积 V_{10}。然后将一定质量的互穿网络聚合体颗粒堵剂倒入量筒中，迅速记录此时的体积 V_{11}。因互穿网络聚合体颗粒堵剂吸水膨胀后体积增加，量筒中水减少，此时在同一个量筒中读取膨胀体积是不准的。此时准备另一量筒 2，倒入可淹没吸水膨胀颗粒体积的去离子水，记录此时体积 V_{20}，然后将量筒 1 中的水膨体颗粒用滤网过滤水后倒入量筒 2 中，记录此时量筒 2 的体积 V_{21}。如此反复，记录并计算不同膨胀时间下的膨胀倍数。吸水膨胀倍数 n 计算如下：

$$n=\frac{V_{11}-V_{10}}{V_{21}-V_{20}} \tag{2-10}$$

（2）溶胀速率

分别测试丙烯酰胺(AM)交联体，锂皂土、电气石粉、绢云母、煅烧高岭土、PVA、PVA 凝胶互穿网络聚合体颗粒的吸水膨胀速率曲线，结果见图 2-26。

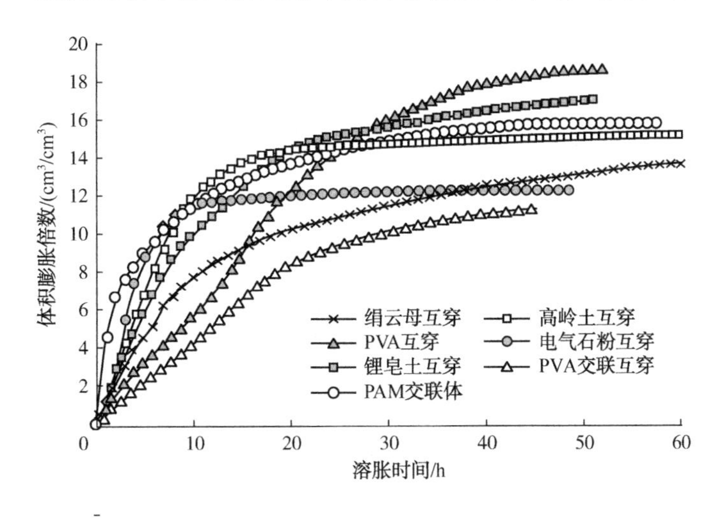

图 2-26　互穿网络聚合体颗粒的吸水膨胀速率曲线

由图 2-26，互穿网络聚合体吸水膨胀速率总体趋势是初始阶段呈快速增强趋势，在到达一定时间后吸水膨胀速率放缓。互穿网络聚合体置于水中，初始阶段水分子通过毛细管物理吸附作用和水分子分散作用进入结构内部，吸水膨胀速率快。丙烯酰胺交联体聚合物链上部分酰胺基(—$CONH_2$)水解呈羧酸基(—COOH)，水分子通过氢键与交联体的亲水基团(—COOH，—OH等)作用，促使水分子进入互穿网络聚合体颗粒网络空间内部。随着水分子不断进入，离子基团如—COOH开始解离，解离后的阴离子—COO^-固定在聚合链节上，阳离子则可以自由移动，部分向外扩散到溶液中，形成离子浓度差，从而产生渗透压。聚合体链节上的阴离子增多，静电斥力增加，进一步增大聚合体网络结构空间。随着解离作用的进行，聚合体网络内外阳离子浓度差加大，促使水分子进一步进入聚合体空间网络。随着溶胀度的增大，聚合体网络内外渗透压趋于平衡，当渗透压为零时，聚合体颗粒达到溶胀平衡[112,115]。

互穿网络聚合体空间网络与溶液之间的离子交换示意图[76,116]如图2-27所示。

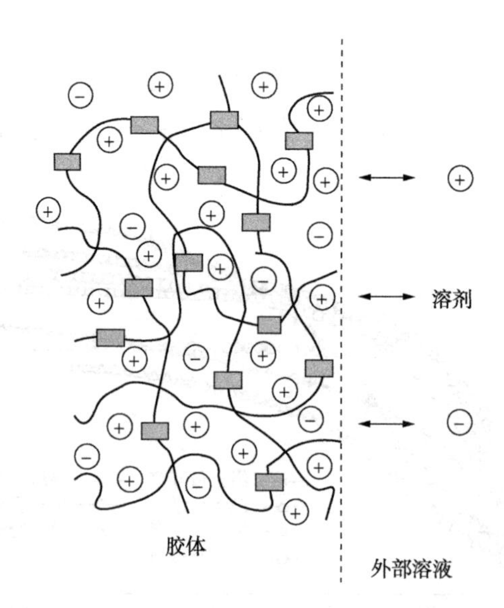

图2-27　交联体内外离子、溶液交换示意图

从溶胀速率变化拐点来区分曲线特征，可分为两类：PAM交联体、架状结构多孔微粒互穿网络聚合体吸水膨胀速率有一个拐点，拐点溶胀时间大约是10h；PVA树脂、PVA凝胶互穿网络聚合体吸水膨胀速率有两个拐点，拐点溶胀时间分别为10h与20h。锂皂土、电气石粉、绢云母、煅烧高岭土这些

架状结构多孔微粒为无机矿物材料，其吸水速率快，对PAM交联体的吸水膨胀速率影响小，形成的互穿网络聚合体的吸水膨胀速率主要取决于PAM交联体，因此架状结构多孔微粒互穿网络聚合体与PAM交联体具有相同的吸水膨胀速率拐点。PVA树脂、PVA凝胶互穿网络聚合体中的PVA树脂材料吸水膨胀缓慢，在聚合体网络中占据一定空间，初始吸水膨胀阶段影响水分子的进入，等PVA树脂材料吸水溶胀后，出现溶胀速率第一拐点，之后阶段水分子通过毛细管作用与分散作用进入聚合体网络空间，溶胀速率变快。到溶胀速率第二个拐点后，通过氢键、离子基团解离形成渗透压等作用实现进一步溶胀，溶胀速率减缓，直到聚合体颗粒达到溶胀平衡。

不同互穿网络聚合体堵剂膨胀倍数对比见图2-28。从平衡膨胀倍数来看，架状结构颗粒锂皂土、PVA树脂制备的互穿网络聚合体的膨胀倍数大于PAM交联体，煅烧高岭土制备的互穿网络聚合体的膨胀倍数与PAM交联体相当，其余平衡膨胀倍数均小于PAM交联体。

PVA树脂中含有亲水基团羧基，增强了互穿网络体的吸水性，并且PVA能够与酰胺基等形成氢键，贯穿在树脂网络中，形成新的网格结构，从而提高了吸水膨胀倍数。架状结构颗粒锂皂土形成的互穿网络聚合体微观结构具有“尖峰”状小突起(2.3.1节)，这种结构增加了水分子进入的空间，实现膨胀倍数的增加。

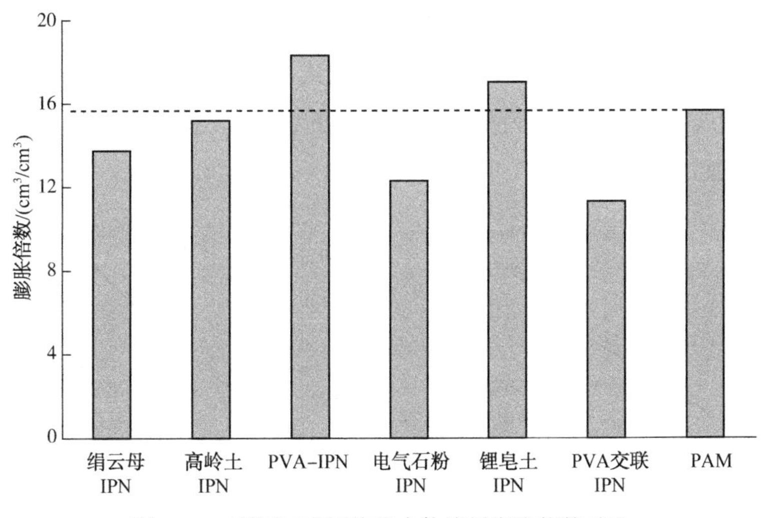

图2-28　不同互穿网络聚合体堵剂膨胀倍数对比

电气石粉吸水性较弱，且对形成的互穿网络聚合体的结构改变较小，吸水膨胀倍数与PAM交联体相当。煅烧高岭土、绢云母的互穿网络聚合体的结构相对于PAM交联体更加致密，可供水分子进入的空间少，吸水膨胀倍数小。PVA凝胶交联体虽然也具有亲水基团羧基，可以增强互穿网络体的吸水性，但是PVA凝胶与PAM交联体相互缠绕贯穿，使得聚合体网格变得致密，网格体积减小，并且交联的PVA凝胶高分子链也会占据PAM交联体原网络结构的空间，使互穿网络聚合体的空间结构容纳的水分子量减少，吸水膨胀倍数降低。

（3）溶胀动力学

根据Fick第二扩散定律，经Laplace公式变换，Nancy[117]、Kabra[118]等分析总结了凝胶溶胀初期的溶胀动力学关系满足公式（2-11）。

$$\frac{M_t}{M_\infty}=kt^n \tag{2-11}$$

式中 M_t——t时刻的凝胶吸水溶胀倍数；

M_∞——凝胶平衡吸水溶胀倍数；

k——凝胶的特性参数；

n——渗透模型的特性指数。

公式（2-11）溶胀动力学关系式还需要满足溶胀初期$M_t/M_\infty \leqslant 0.6$的条件。其中，渗透模型特性指数$n$是表征凝胶材料溶胀机理的重要参数，反映了溶液的扩散速度与聚合物链松弛速度的关系[76]。

取溶胀速率中$M_t/M_\infty \leqslant 0.6$的数据，对公式（2-11）取对数，利用$\lg(M_t/M_\infty)$与$\lg t$做曲线，曲线斜率即为渗透模型特性指数$n$。不同互穿网络聚合体的溶胀曲线处理见图2-29。

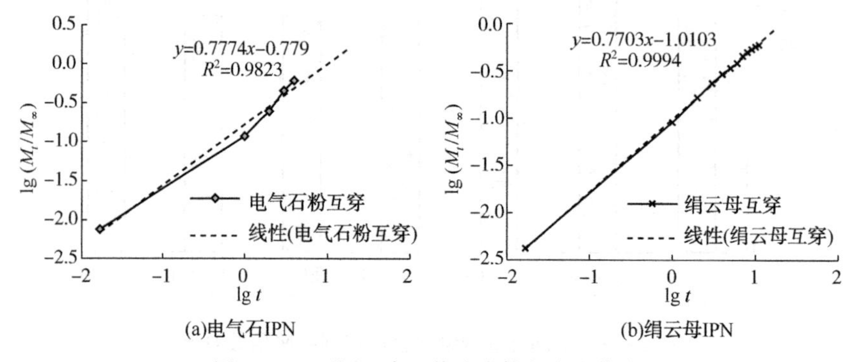

图2-29 不同互穿网络聚合体的溶胀曲线

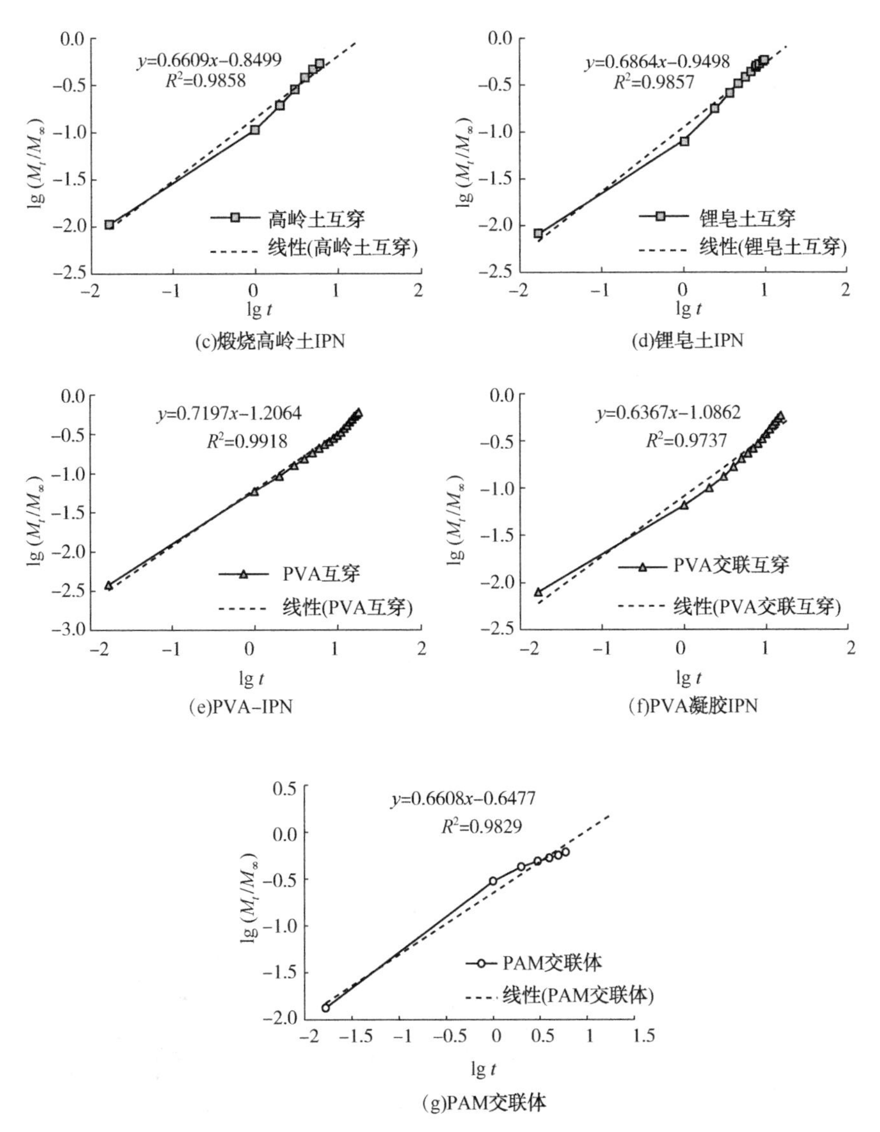

(c)煅烧高岭土IPN

(d)锂皂土IPN

(e)PVA-IPN

(f)PVA凝胶IPN

(g)PAM交联体

图 2-29 不同互穿网络聚合体的溶胀曲线(续)

凝胶体吸水膨胀扩散一般分为三种[119]，对应不同的渗透模型的特性指数 n 大小；①满足 Fickian 扩散定律的 Fickian 扩散，$n \leq 0.5$，小分子扩散起决定作用；②松弛平衡扩散，$n \geq 1.0$，链段松弛运动起决定作用；③非 Fickian 扩散，$n=0.5 \sim 1.0$，溶液扩散速度与大分子链松弛速度相当，共同起作用。不同互穿网络聚合体的渗透模型的特性指数 n 数值见表 2-7。

表 2-7　互穿网络聚合体的渗透模型的特性指数 *n*

互穿网络聚合体	PAM 交联体	电气石 IPN	绢云母 IPN	煅烧高岭土 IPN	锂皂土 IPN	PVA-IPN	PVA 凝胶 IPN
n 值	0.78	0.77	0.66	0.69	0.72	0.64	0.66
扩散模型	非 Fickian 扩散						

由表 2-7 可知，互穿网络聚合体的渗透模型的特性指数 n 在 0.5～1.0 范围，其吸水膨胀扩散属于非 Fickian 扩散，说明互穿网络聚合体堵剂的吸水膨胀过程既受溶液扩散影响又受大分子链松弛影响。分析认为互穿网络聚合体的溶胀过程分为 3 个阶段，见图 2-30 和图 2-31。

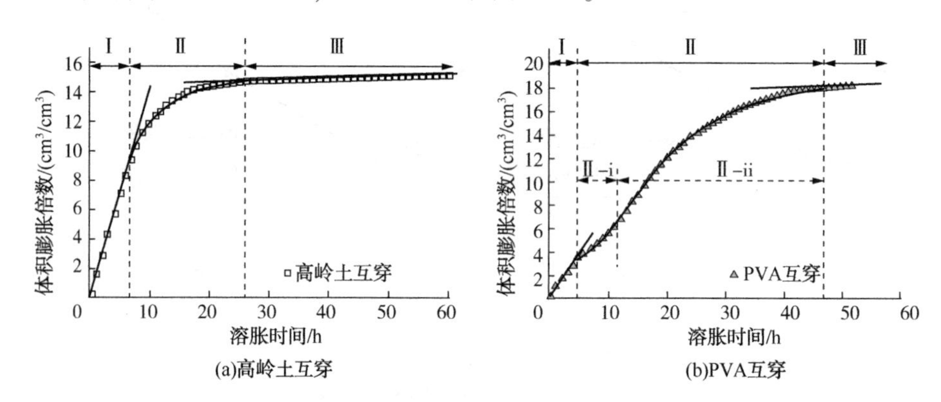

图 2-30　互穿网络聚合体溶胀速率的 3 个阶段

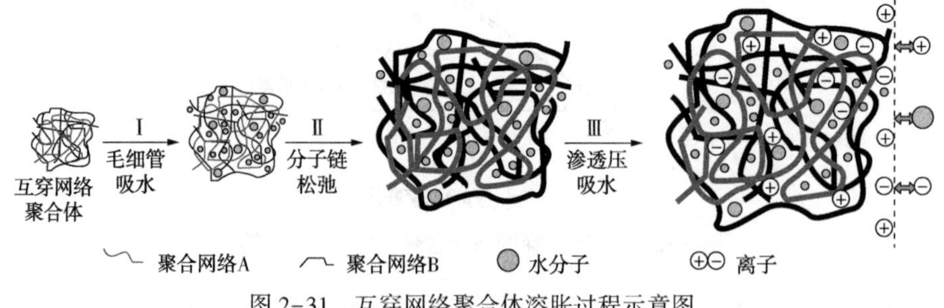

图 2-31　互穿网络聚合体溶胀过程示意图

（彩图见书后附录）

阶段 Ⅰ 为毛细管吸水阶段，该阶段吸水速度较快，膨胀速率呈线性增长。形成的互穿网络越致密，膨胀速率也会越慢，阶段Ⅰ中的直线斜率就越小。阶段Ⅰ时间越短，说明毛细管空间结构越少，空间网络结构也越致密。图 2-30 中 PVA 互穿网络聚合体比高岭土互穿网络聚合体的溶胀速率小、阶段 Ⅰ 的饱和时间短，也间接说明了PVA互穿网络聚合体具有更高的强度，与微观结构表征、直观强度评价结论一致。

阶段Ⅱ为互穿网络聚合体高分子链溶胀松弛阶段，溶胀速率呈对数函数增长。在该阶段，如果形成互穿网络的两种聚合体吸水速率有明显差异，则吸水速率曲线也会表现出差异性。图2-30中PVA互穿网络体中有PVA网络与PAM网络，PVA网络占据互穿网络空间，阻碍水分子进一步进入与大部分的PAM分子链接触，水分子首先溶胀松弛PVA高分子链。由于PVA溶胀速率较慢，阶段Ⅱ初始阶段(Ⅱ-ⅰ段)溶胀速率较小。PVA溶胀后，PAM分子链大量接触水分子，溶胀速率加快，进入阶段Ⅱ中的第二阶段(Ⅱ-ⅱ段)。

阶段Ⅲ为互穿网络聚合体渗透压吸水阶段，溶胀速率呈线性增长，增长幅度较小。该阶段互穿网络聚合体高分子链溶胀松弛达到极限，溶胀变大的动力主要是平衡互穿网络聚合体内外离子浓度而形成的渗透压，该渗透压力有限，溶胀过程缓慢，并且溶胀倍数增加较小。

进一步分析认为，互穿网络聚合体的溶胀速率控制主控因素取决于形成互穿网络聚合体的网络单体性质。由架状结构多孔微粒制备的互穿网络聚合体网络空间结构多，其互穿网络结构是控制溶胀速率的主控因素。由PVA树脂制备的互穿网络聚合体网络空间结构致密，毛细管吸水相对较少，高分子链松弛是控制溶胀速率的主控因素。通过筛选不同结构的架状多孔微粒或者改变PVA树脂特性等可以实现控制互穿网络聚合体的溶胀速率。

2.3.3 黏弹性

黏弹性是材料黏滞性及弹性的综合性质，体现的是材料的固体性和液体性，通过测量材料的储能模量G'与损耗模量G''来表征。储能模量(也称作弹性模量)G'表征材料弹性的强弱；损耗模量(也称作黏性模量)G''表征材料黏性强弱。通过对材料储能模量与损耗模量的比较，可直观得到材料特性是以弹性为主还是以黏性为主。采用Anton Paar公司(奥地利)MCR301流变仪测试互穿网络聚合体的黏弹性。

(1) 角频率对黏弹性的影响

固定切变模量为0.5%，实验点测试固定时间10s，角频率0.1~100rad/s，对制备的互穿网络聚合体的储能模量与损耗模量进行测量，实验结果见图2-32。

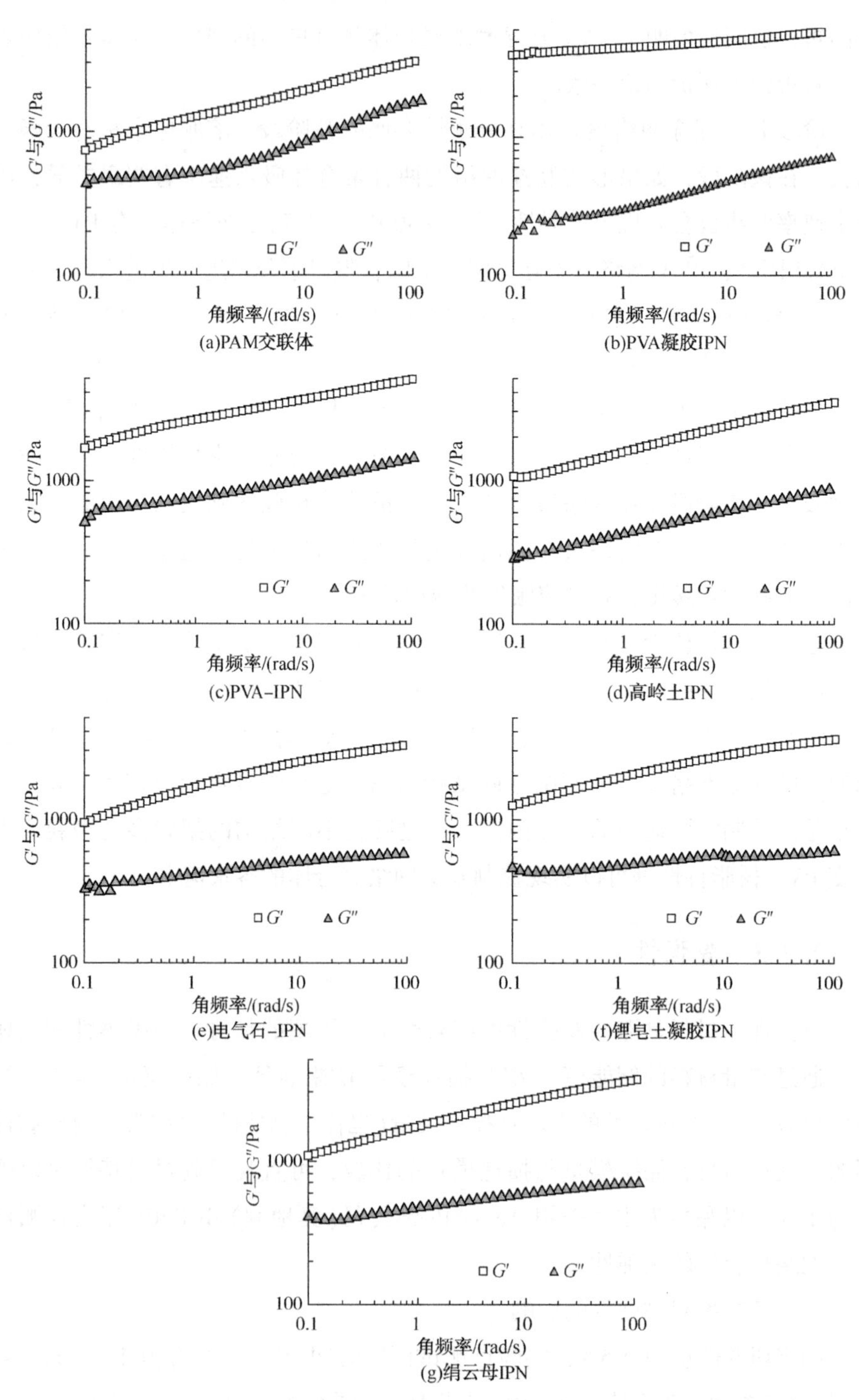

图 2-32　互穿网络聚合体黏弹性测试

由图 2-32 可知，随着角频率的增加，储能模量 G' 与损耗模量 G'' 均变大，说明 PAM 交联体与互穿网络聚合体材料具有黏弹性的结构，G' 值始终大于 G'' 值，说明互穿网络聚合体弹性性质占主导作用。

图 2-33 对比了互穿网络聚合体储能模量 G'，互穿网络聚合体 G' 明显高于 PAM 交联体 G'。

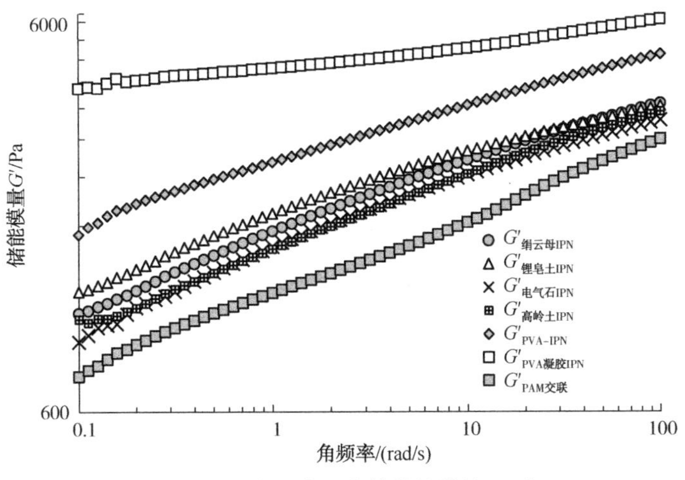

图 2-33 互穿网络聚合体储能模量 G' 对比
（彩图见书后附录）

由图 2-33，PVA 凝胶互穿网络聚合体的 G' 最大，次之是 PVA 互穿网络聚合体，架状结构多孔微粒制备的互穿网络聚合体 G' 比 PVA 类互穿网络聚合体 G' 强度低。低频 G' 值体现的是弹性体材料的交联强度，以角频率 0.1rad/s 的 G' 为基准，架状结构多孔微粒制备的互穿网络聚合体 G' 强度是 PAM 交联本体的 1.2~1.7 倍，PVA 互穿网络聚合体 G' 强度是 PAM 交联本体的 2.3 倍，PVA 凝胶互穿网络聚合体 G' 强度是 PAM 交联本体的 5.5 倍。G' 强度对比见图 2-34，与微观结构形态分析结果一致。

图 2-35 为互穿网络聚合体损耗模量 G'' 曲线对比，其中 PVA 交联凝胶互穿网络聚合体的损耗模量 G'' 最低，PVA 互穿网络聚合体的损耗模量 G'' 最高，其他互穿网络聚合体 G'' 值区域相对集中。分析原因认为，PVA 为线型高分子链聚合物，本身溶胀后具有黏度特性，与 PAM 形成互穿网络聚合物后，PVA 线型分子未交联，只是缠绕贯穿于空间网络结构中，吸水溶胀后，仍然具有黏性特征，因此表现为损耗模量 G'' 值大。PAM 交联体、架状结构多孔微粒互

穿网络聚合体的黏度特性均来自 PAM 交联本体，G''值区域相对集中，无游离的高分子链，因此 G''值比 PVA 互穿网络聚合体低。PVA 交联凝胶互穿网络聚合体中的 PVA 高分子发生交联，并与 PAM 交联体相互缠绕，形成的结构强度高，黏性特征减弱，表现出的 G''值最低。

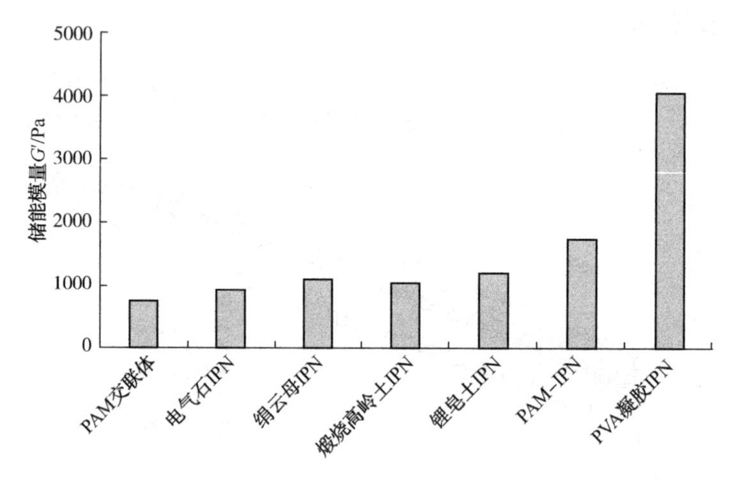

图 2-34　互穿网络聚合体储能模量 G'值对比(低频 0.1rad/s)

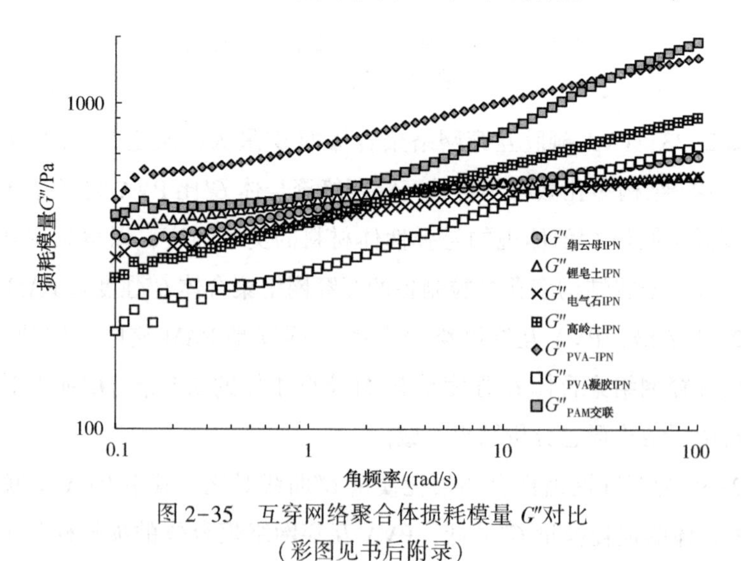

图 2-35　互穿网络聚合体损耗模量 G''对比
(彩图见书后附录)

(2) 切变模量对黏弹性的影响

固定角频率为 10rad/s，实验点测试固定时间 10s，切变模量 0.1%～100%变化，对制备的互穿网络聚合体的储能模量与损耗模量进行测量，实验结果见图 2-36。

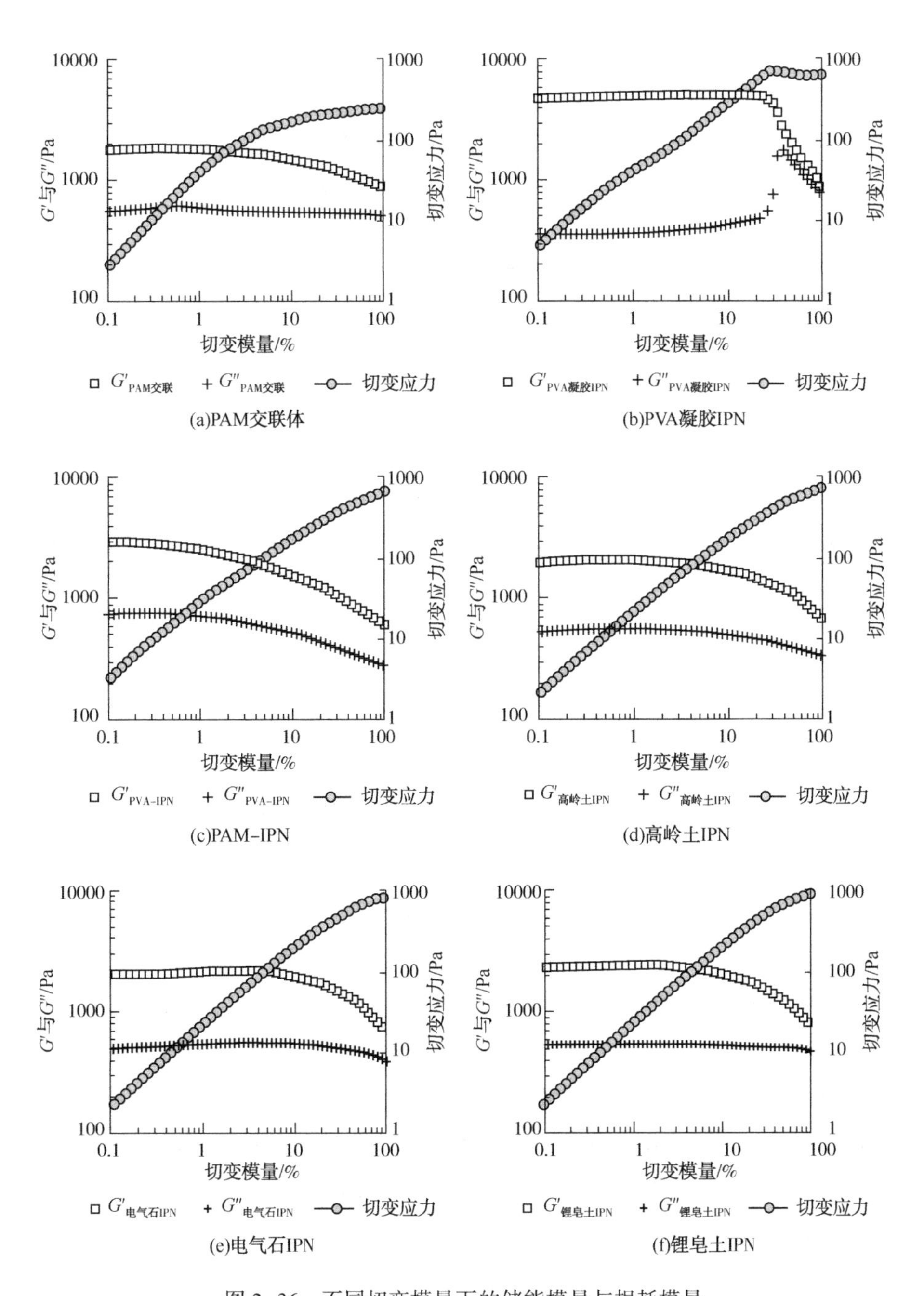

图 2-36 不同切变模量下的储能模量与损耗模量

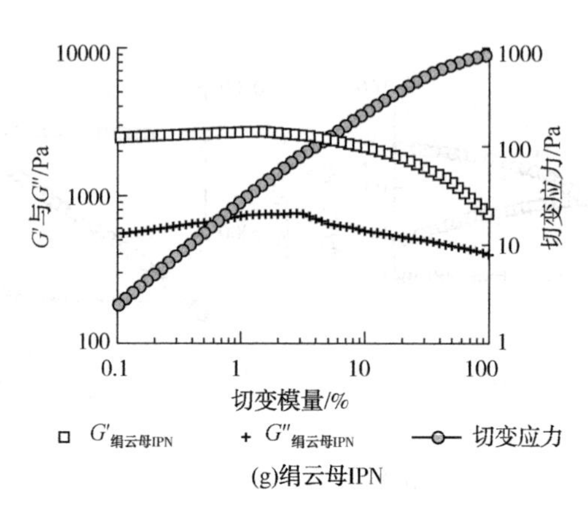

(g)绢云母IPN

图 2-36　不同切变模量下的储能模量与损耗模量(续)

随着切变形变量的增加，弹性模量 G' 值变化基本分为两个阶段：平稳直线段与下滑曲线段。在切变模量较小时，互穿网络聚合体压缩量小，内部空间结构没有被破坏，弹性模量变化不大。随着切变形变量的增加，互穿网络空间结构进一步被压缩，部分空间结构被破坏，弹性模量降低。形变量进一步增加，互穿网络的空间结构、高分子链链节等被破坏，造成部分弹性不可逆恢复，弹性形变量迅速下降。

对比不同互穿网络聚合体的弹性模量与切变模量曲线，PVA 凝胶互穿网络聚合体耐切变模量幅度大，并能保持高的弹性模量，但是在超过 50%切变模量后，弹性模量迅速下降，原因是 PVA 凝胶互穿网络聚合体结构致密，强度高，互穿网络结构紧固，难以被破坏，可以在高形变量下仍然具有大的弹性模量值。但是进一步提高切变模量，互穿网络结构相互缠绕的高分子链被撕裂破坏，弹性模量迅速降低；PVA 互穿网络聚合体随着切变模量的增加，弹性模量一直下降，没有明显出现其他互穿网络聚合体的平稳直线段，分析认为，PVA 为直线高分子链，吸水后黏性高，切变模量增加，PVA 高分子链容易被压缩到互穿网络结构中，弹性降低，弹性模量下降。其他由架状颗粒制备的互穿网络聚合体与 PAM 交联本体特征相同，具有明显的平稳直线段与下滑曲线段，曲线变化机理与上述一致。

由图 2-36 中切变模量与切变应力曲线可知，随着切变模量增加，切变应力先直线变大，然后出现变大趋势变缓的趋势。一般高分子聚合物的应力应变曲线特点[120]如图 2-37 所示。A 点以前 $\sigma-\varepsilon$ 关系满足胡克(Hookean)定律式(2-12)，Y 点为屈服点，B 点为材料破碎/断链点。

$$\sigma = E \cdot \varepsilon \tag{2-12}$$

式中　σ——应力或拉、压力；

E——弹性模量或常系数；

ε——应变或伸长、压缩量。

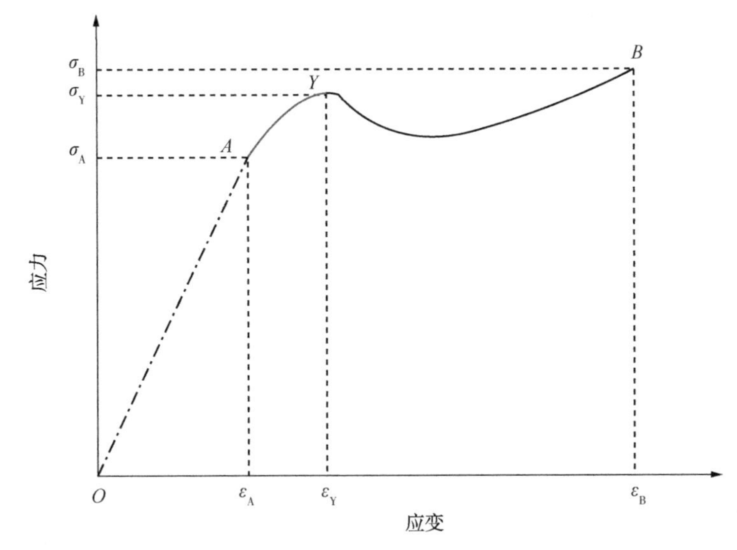

图 2-37　高分子聚合物典型应力-应变曲线

互穿网络聚合体切变模量与切变应力曲线满足图 2-37 曲线特征，但分析认为 $\sigma-\varepsilon$ 曲线各个阶段的变形机制有所不同。互穿网络聚合体弹性形变过程分为 3 个阶段：互穿网络空间结构形变阶段、互穿网络分子链相互运移错位阶段、互穿网络高分子链断裂阶段，分别对应图 2-37 中 $O-A$ 段、$A-Y$ 段、$Y-B$ 段。A 点以前互穿网络空间结构骨架发生形变，主要是聚合物分子链内键长、键角的变化，该阶段与高分子聚合物形变机制一致。A 点到 Y 点，互穿网络空间结构骨架压缩到一定程度，相互贯穿的互穿网络聚合体分子链被压迫，发生一定的错位位移。Y 点以后，互穿网络聚合体高分子链发生错位位移后，由于相互贯穿于空间结构网格中，位移受阻，进一步位移导致分子链结构断裂。$O-A$ 段弹性形变可恢复，$A-Y$ 段弹性形变可部分恢复，$Y-B$ 段弹性形变不可恢复。

2.3.4 耐温性能

随着苛刻条件油气藏开发与挖潜，对堵剂耐温性能要求越来越高。通过吸水膨胀倍数、黏弹性等指标对互穿网络聚合体的耐温性能进行评价。根据黏弹性测试结果，架状结构多孔微粒制备的互穿网络聚合体性质相近，选择PVA凝胶互穿网络聚合体、绢云母互穿网络聚合体进行评价，PAM交联本体作为对比。

(1) 吸水膨胀性

称取固定质量的互穿网络聚合体颗粒，放到盛有足量水的容器中，在一定温度下水浴，间隔不同时间按照2.3.2中方法测试膨胀倍数。对于超过100℃的吸水膨胀实验，将互穿网络聚合体颗粒放到盛有足量沸水(95～100℃)的老化钢管中，密闭，放入一定温度下的烘箱中，每隔一段时间取出，自来水冲洗降温，测试膨胀倍数。结果见图2-38。

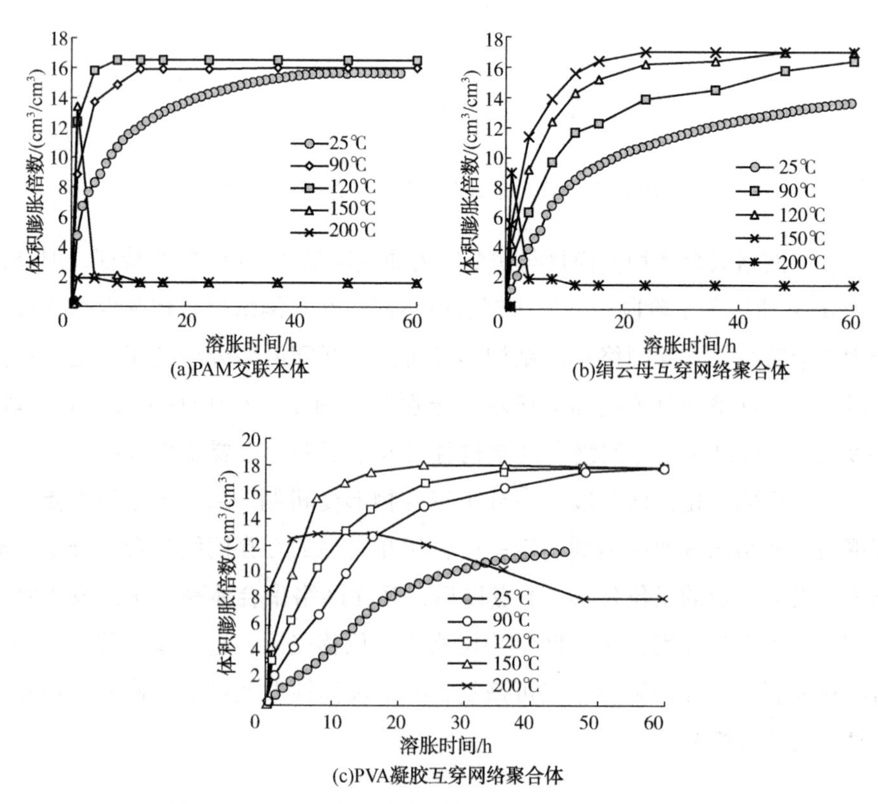

图2-38 互穿网络聚合体不同温度下的溶胀速率曲线

由图 2-38，随着温度的升高，溶胀速率均加快，且平衡吸水倍率增加。这是因为温度升高，分子运动活跃度增加，水分子更容易快速进入互穿网络空间结构，溶胀速率加快。随着温度的升高，互穿网络聚合体的平衡溶胀倍数增加幅度要高于 PAM 交联本体，分析认为温度升高，聚合体高分子链节上的酰胺基水解成羧酸基的量增加，增加了高分子链的亲水性，进而提高了溶胀倍数。同时，温度增加，互穿网络聚合体高分子链的构象转变能量增加，分子链间的物理纠缠在一定程度上得到缓解，链松弛程度增加，对样品的吸水膨胀束缚减弱，能够让更多的水进入互穿网络结构，膨胀倍数增加。绢云母互穿网络聚合体中的绢云母网络结构受温度影响小，基本不会发生网络松弛，温度升高，吸水膨胀倍数变化不大，其增大的吸水膨胀倍数主要是由于 PAM 交联本体中的酰胺基水解成羧酸基所致。PVA 凝胶互穿网络聚合体中的 PVA 凝胶网络在高温下，分子链网络结构松弛程度大，吸水膨胀倍数增加幅度大。

互穿网络聚合体不同温度下的平衡溶胀倍数见图 2-39。随着温度的升高，溶胀倍数先增加，后降低。溶胀倍数的增加原因如前所述，溶胀倍数的降低，主要是高温致使高分子链断裂，互穿网络结构被破坏所致。

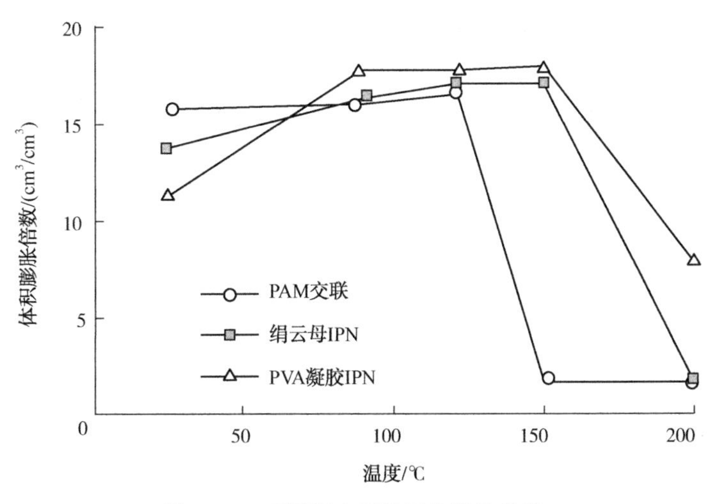

图 2-39 不同温度下的平衡溶胀倍数

PAM 交联本体在 150℃ 时，溶胀倍数低，观察高温老化形态为黏性流体状，已经失去颗粒堵剂特性。绢云母互穿网络聚合体在 200℃ 老化后的特性与

PAM在150℃相似，耐温高于150℃低于200℃。PVA凝胶互穿网络聚合体在200℃处理后，仍具有一定的固体形态，耐温接近200℃。

（2）黏弹性

根据不同温度吸水膨胀结果，将150℃吸水膨胀后的材料进行黏弹性测试。固定切变模量为0.5%，实验点测试固定时间10s，角频率0.1~100rad/s。实验结果与25℃吸水膨胀弹性模型进行对比，结果见图2-40。

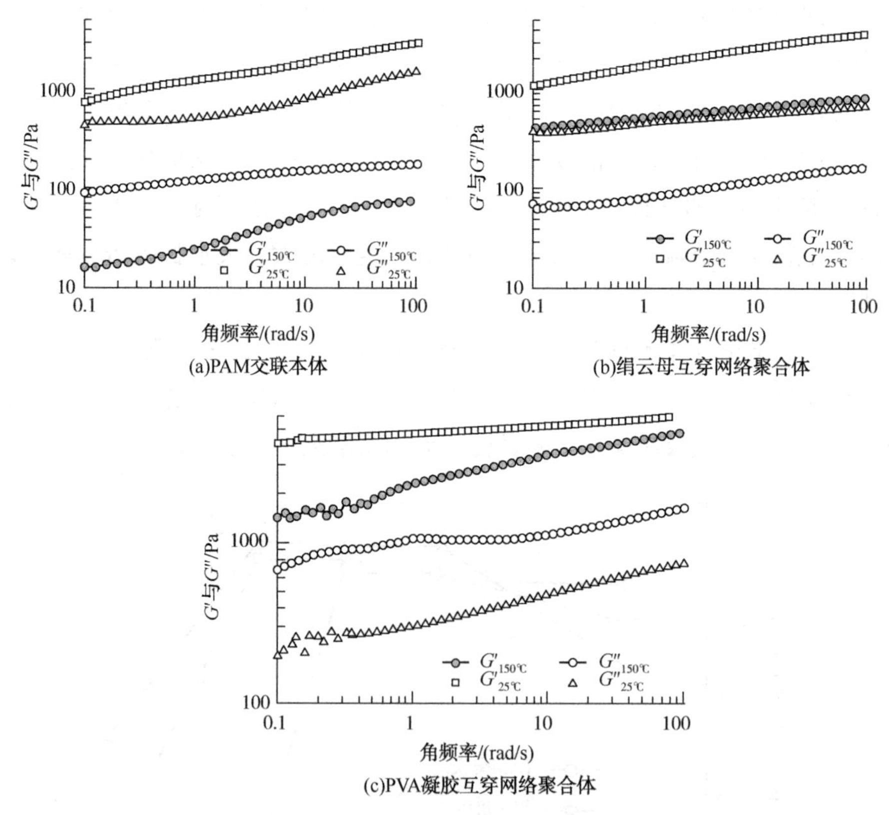

图2-40　互穿网络聚合体150℃与25℃黏弹性对比

经过高温老化膨胀后，PAM交联本体、互穿网络聚合体的储能模量G'均变小，这是由于高温条件下，部分聚合物分子链断裂，互穿网络结构破坏导致的。PAM交联本体、绢云母互穿网络聚合体的耗能模量G''变小，PVA凝胶互穿网络聚合体耗能模量G''变大。分析认为，高温破坏了高分子链的结构，黏性特征也随之降低，而对于PVA凝胶互穿网络聚合体，除了部分高分子链结构破坏，由于其致密的网络结构，高温作用使分子链具有更加疏松伸直的构象，空间网络结构变大，吸水量增加，分子链在水的溶胀下更加趋于伸直状态，体现出的液体属性增加，耗能模量增加，两者作用，后者作用更加明显，综合体现高温下 PAM 凝胶耗能模量增加。PAM 交联本体在 150℃老化处理后，由 25℃时的 $G''<G'$ 变为 $G''>G'$，说明高温老化后 PAM 交联本体固态特性变为液态特性，黏性占主导作用，交联的空间网络结构被破坏呈高分子链结构。

通过耐温性能评价，互穿网络聚合体能够提高溶胀颗粒的耐温性能，架状颗粒结构制备的互穿网络聚合体颗粒耐温达到 150℃，PVA 凝胶互穿网络聚合体颗粒耐温性能超过 150℃，接近 200℃。

2.3.5　抗盐性能

将 PVA 凝胶互穿网络聚合体颗粒、绢云母互穿网络聚合体颗粒分别置于不同矿化度盐中，观察其吸水膨胀性能。以 PAM 交联本体作为对比。

称取固定质量的互穿网络聚合体颗粒，放到不同矿化度溶液的容器中，按照 2.3.2 中方法，室温下测试膨胀倍数。盐水溶液选择具有一价阳离子的 NaCl 溶液与具有二价阳离子的 $CaCl_2$ 溶液，浓度分别为 0～50000mg/L、0～10000mg/L。绢云母互穿网络聚合体不同矿化度下的吸水膨胀性能实验结果见图 2-41。

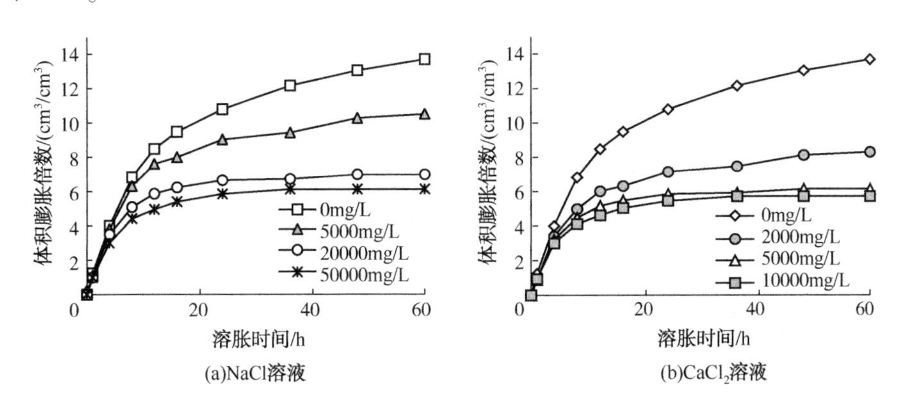

图 2-41　绢云母互穿网络聚合体不同矿化度下的吸水膨胀性能

从图 2-41 可以看出，绢云母互穿网络聚合体在不同盐水溶液中的溶胀速率趋势与在去离子水中相同，但随着盐水溶液浓度的增加，平衡溶胀倍数降低；且初始阶段的溶胀速率基本相同，随着吸水膨胀时间的延长，膨胀速率与膨胀倍数发生变化。这是由于初始阶段互穿网络聚合体的溶胀过程主要贡献来自毛细管作用，同一种互穿网络聚合体具有几乎相同的网络空间结构，不同类型的盐水以及不同浓度的盐水对毛细管作用影响较小，初始阶段溶胀速率接近。NaCl 与 $CaCl_2$为强电解质，其电离的金属阳离子，对聚合体链节上的—COO^-等亲水基团屏蔽作用，使高分子链间的相互排斥作用减弱，高分子链节松弛度降低，溶胀速率减小。盐水浓度越高，屏蔽作用越大，互穿网络聚合物的溶胀倍数就越低。同时，盐水中的可动离子浓度大，会降低聚合物网络与盐水溶液之间的渗透压，吸水动力减弱，进一步降低溶胀倍率。

对比同等浓度条件下的 NaCl 溶液与 $CaCl_2$溶液的平衡吸水膨胀倍数，发现 $CaCl_2$溶液比 NaCl 溶液的溶胀倍数小。这是由于二价阳离子具有更高的电价，对聚合体链节上的—COO^-等亲水基团屏蔽作用更强，影响溶胀倍数更大。

PVA 凝胶互穿网络聚合体不同矿化度下的吸水膨胀性能实验结果见图 2-42。

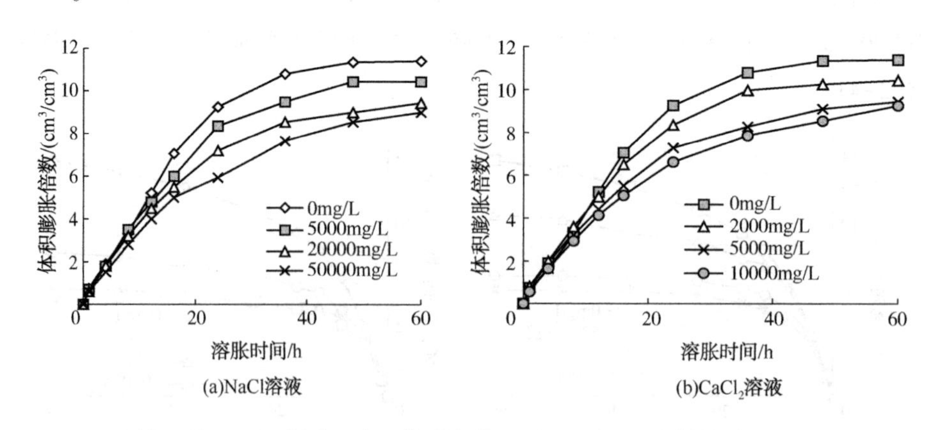

图 2-42　PVA 凝胶互穿网络聚合体不同矿化度下的吸水膨胀性能

由图 2-42 可知，PVA 凝胶互穿网络聚合体不同矿化度下的吸水膨胀变化趋势与绢云母互穿网络聚合体相同，但对比来看，盐水对 PVA 凝胶互穿网络聚合体的影响程度小。PVA 凝胶互穿网络聚合体的溶胀由两个互穿网络 PAM 交联网络与 PVA 交联网络共同决定，PAM 交联网络受盐水影响同前所述。

PVA 交联网络中无电离的亲水基团，无盐离子对基团的屏蔽作用，不影响 PVA 交联网络高分子链的松弛作用。盐离子对 PVA 凝胶互穿网络聚合体溶胀倍数的影响主要来自离子渗透压作用，通过 2.3.2 节的分析，离子渗透压对膨胀倍数的影响有限。综合作用下，PVA 凝胶互穿网络聚合体在盐水溶液中的吸水膨胀倍数要高于绢云母等互穿网络聚合体。

通过对不同矿化度对互穿网络聚合体溶胀性能的影响结果分析认为，绢云母等架状结构微粒制备的互穿网络聚合体堵剂可以采用高盐溶液携带，用于封堵矿化度较低的储层。在高盐携带液作用下，膨胀倍数较小，可以顺利运移到达深部地层，高盐携带液被稀释，互穿网络聚合体颗粒进一步膨胀，实现深部封堵。在采用高盐溶液携带时，要首先确保与地层水的配伍性问题。PVA 凝胶类互穿网络聚合体堵剂可用在封堵高矿化储层。PVA 凝胶类互穿网络聚合体溶胀速率较慢，在颗粒膨胀到预定倍数前到达预定地层，由于 PVA 凝胶类互穿网络聚合体受矿化度盐离子影响膨胀倍数较小，可以在预定地层实现膨胀封堵。

2.3.6　封堵性能

封堵地层高渗层封堵压力及封堵后的耐冲刷性能是评价堵剂在调剖堵水中持续有效性的重要指标。本文对制备的互穿网络聚合体堵剂的耐冲刷性能进行了评价，并与 PAM 交联本体、聚合物的封堵性能与耐冲刷性能进行对比。

（1）实验方法

采用填砂管驱替模型进行实验，流程图见图 2-43。实验用填砂管为 30cm×2.5cm，填砂为 60~80 目石英砂，堵剂类粒径经 120 目标准筛筛分。填制填砂管，称量质量。饱和水后称量质量，根据饱和前后的质量差，计算出填砂模拟岩心的孔隙体积；然后注入 1.0PV 堵剂体系（颗粒堵剂浓度为 1.0%，HPAM 溶液为 3000mg/L）；堵剂体系注入结束后，进行后续水驱，记录注入压力，计算稳定封堵率。

（2）结果分析

互穿网络聚合体颗粒堵剂与 PAM 交联体颗粒堵剂、HPAM 溶液封堵率见表 2-8。注入压力与注入体积关系曲线见图 2-44。

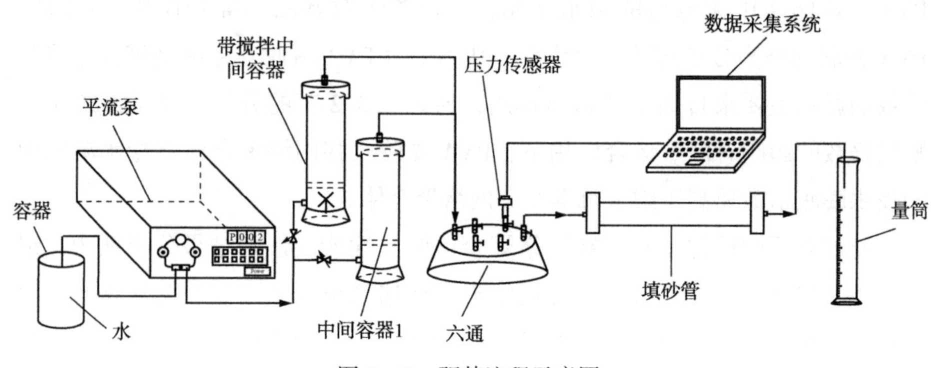

图 2-43　驱替流程示意图

表 2-8　水膨体耐冲刷性实验结果

堵　剂	填砂渗透率 $K_1/10^{-3}\mu m^2$	冲刷稳定渗透率 $K_2/10^{-3}\mu m^2$	封堵率/%
绢云母 IPN	1230. 2	14. 1	98. 9
PVA 凝胶 IPN	1200. 9	9. 1	99. 2
PAM 交联体	1098. 6	49. 9	95. 5
HPAM 溶液	1155. 6	288. 9	75. 0

由表 2-8 可知，HPAM 溶液难以实现良好的封堵率。颗粒类堵剂封堵率好，稳定封堵率>95. 0%，其中 PVA 凝胶互穿网络聚合体稳定封堵效果最佳，封堵率>99. 0%。

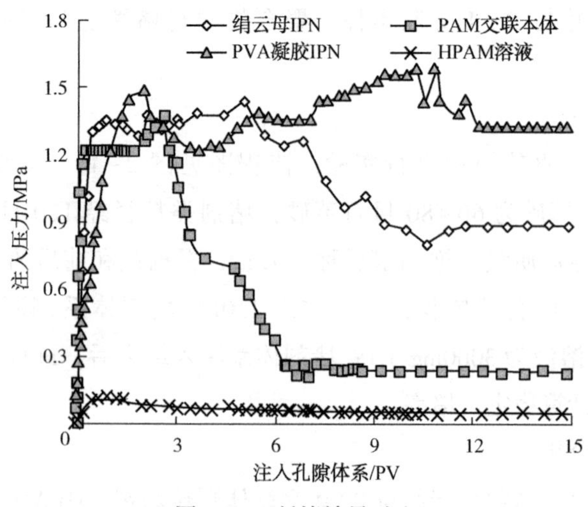

图 2-44　封堵效果对比

由图2-44可知，颗粒类堵剂的注入压力明显高于HPAM溶液，说明具有良好的封堵效果。颗粒类堵剂封堵达到的最大压力值基本相同，最大压力值体现的是柔性颗粒开始变形运移的压力值，PVA凝胶互穿网络聚合体的最大压力值略大，说明需要颗粒发生同等形变的力也越大，即强度大。PAM交联体与绢云母互穿网络聚合体封堵压力在达到最大压力值一段时间后，压力开始下降。这是由于堵剂颗粒在运移过程中，发生剪切，导致堵剂颗粒剪切破碎，封堵压力开始逐步下降。

封堵最高压力保持冲刷时间越长，说明堵剂颗粒耐剪切效果越好，由图可知PVA凝胶互穿网络聚合体的最大封堵压力耐冲刷时间最长，绢云母互穿网络聚合体次之，PAM交联体最短，其在地层中的耐剪切性能正比于耐冲刷时间。经过一段时间冲刷，封堵压力达到一个稳定值，说明经过运移剪切后，颗粒在地层形成了稳定的架桥结构，颗粒基本不再运移，压力值趋于稳定。

稳定的压力值体现了堵剂的稳定性与有效性。PAM交联体在运移过程中，剪切破碎严重，稳定压力值小。绢云母互穿网络聚合体由于互穿网络结构，PAM交联本体被剪切破碎过程中遇到绢云母，阻碍其进一步剪切；绢云母颗粒强度大，PAM交联体剪切失效后，绢云母颗粒仍然可以实现二次封堵。综合作用下，绢云母互穿网络聚合体稳定压力高于PAM交联体。PVA凝胶互穿网络聚合体结构致密，强度高，耐剪切性好，可以经受长时间的冲刷，稳定压力值高。对于封堵压力值，PVA凝胶互穿网络聚合体基本没有被剪切破坏。

第3章　互穿网络聚合体堵剂封堵作用机制

颗粒类堵剂实现储层有效封堵，除了堵剂本身特性外，颗粒粒径与储层孔喉/裂缝的匹配关系至关重要。颗粒粒径太大，颗粒无法深部运移至预定层位，只在近井地层出现封堵，甚至不能进入地层；颗粒粒径太小，颗粒也无法在预定层位形成架桥封堵。本章介绍了弹性颗粒粒径与地层孔喉、裂缝开度的封堵匹配关系与封堵架桥作用机理，为颗粒堵剂“进不去”或“堵不住”的问题提供理论解决方案。

3.1　实验方法

(1) 弹性颗粒弹性形变系数

将单体体积弹性颗粒最大被压缩量定义为弹性颗粒弹性形变系数，定义式为式(3-1)。

$$K_a=\frac{V-V_{压}}{V} \tag{3-1}$$

式中　K_a——弹性形变系数，无量纲；

$V_{压}$——弹性颗粒被压缩后体积，cm^3；

V——弹性颗粒体积，cm^3。

利用自建的单轴压缩实验装置来测定弹性颗粒的弹性形变系数，实验装置流程图见图3-1。

单轴压缩实验装置内有活塞，下端有注水口，上端内置小孔眼钢网(孔眼远小于颗粒粒径)，并开孔与大气联通，保证压缩过程中排出空气。实验步骤如下：

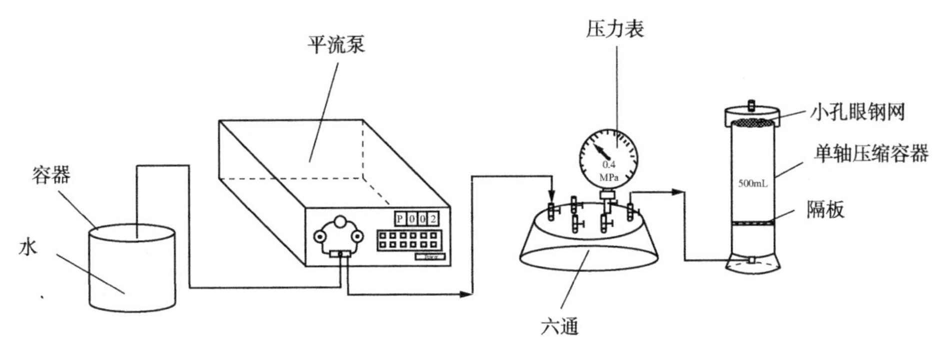

图 3-1 单轴压缩实验装置流程图

① 将内部总体积为 500mL 的单轴压缩容器活塞下端体积排空；

② 将弹性颗粒倒入单轴压缩容器中，自然堆积至满容器，倒出，称量颗粒质量后，再倒入容器；

③ 将倒满颗粒单轴压缩容器上口处放置远小于颗粒粒径的小孔眼钢网，然后拧紧上盖，盖顶端有孔与外界联通，保证加压过程中颗粒间空气的排出；

④ 开启平流泵加压，注入速度 0.2mL/min，记录注入水体积与压力。

(2) 填砂管渗透率测试

① 选取工业筛分的 10 目、20 目、40 目、60 目四种粒径的白色石英砂，水洗、烘干备用；

② 用石英砂填制填砂管，填实，模拟高渗大孔道地层；

③ 按照图 2-43 流程图连接实验装置；

④ 关闭入口开关，填砂管抽真空、饱和水；

⑤ 打开入口阀门，启动平流泵，以不同速度注入模拟盐水，记录稳定压力值；

⑥ 根据 Darcy 公式(式 3-2)计算不同注入速度下的模拟地层渗透率，取平均值。

$$k=\frac{Q\mu_{w}\Delta L}{A\Delta P} \tag{3-2}$$

式中 k——渗透率，μm^2；

Q——流量，cm^3/s；

μ_w——流体黏度，mPa·s；

ΔL——填砂管岩心长度，cm；

A——填砂管截面积，cm^2；

ΔP——注入端与出口端压差，$10^5 Pa$。

不同粒径石英砂填制模拟地层渗透率结果见表 3-1。

表 3-1　不同粒径石英砂对应模型渗透率

石英砂目数/目	10	20	40	60
渗透率平均值/μm^2	231	87	52	12

(3) 地层孔喉尺寸计算

在多孔介质中，颗粒的大小和排列决定了孔喉的大小。在颗粒粒径一定的情况下，其排列方式主导孔喉尺寸。在此，基于球形颗粒理想模型，对模拟地层孔隙喉道尺寸进行了估算。这里，孔喉直径定义为砂孔的内圆直径。假定颗粒充填堆实度良好(充填密实)，颗粒之间三角形排列时孔喉尺寸最小，正方形排列时孔喉尺寸最大，如图 3-2 所示。不同排列方式对应的孔喉尺寸计算见式(3-3)与式(3-4)。

$$三角形排列模型孔喉直径：D_1=2\left(\frac{2\sqrt{3}}{3}-1\right)R \tag{3-3}$$

$$正方形排列模型孔喉直径：D_2=2(\sqrt{2}-1)R \tag{3-4}$$

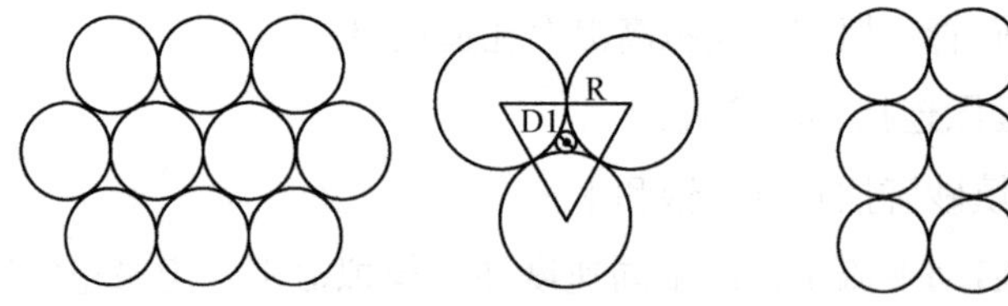

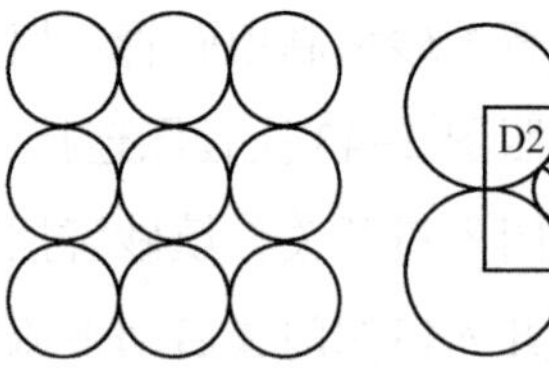

(a)三角形排列　　(b)正方形排列

图 3-2　孔喉最大与最小时的颗粒排列方式

基于三角形与正方形排列方式，实际填砂模型中，颗粒之间的孔喉尺寸应介于两者之间。同一填制方式下，三角形与正方形排列具有一定的权重比，通过计算三角形与正方形排列的权重系数，即可得到填砂模型的孔喉尺寸，由式(3-3)与式(3-4)，赋予权重系数为 α，计算公式如下：

$$D=\alpha D_1+(1-\alpha)D_2 \tag{3-5}$$

通过实际填砂截面拍照，获取颗粒之间孔喉尺寸(做内接圆)，利用式

(3-5)计算三角形排列权重系数 α。将所取到的实际孔喉尺寸计算得到的 α 取平均值即作为后续计算孔喉尺寸的依据。

将10目石英砂紧密充填填砂管，利用体视显微镜拍照填砂管横截面的砂粒，对横截面图片中的砂粒孔隙做内接圆(图3-3)，选取22个内接圆样本，测量其直径，实验结果见图3-3。

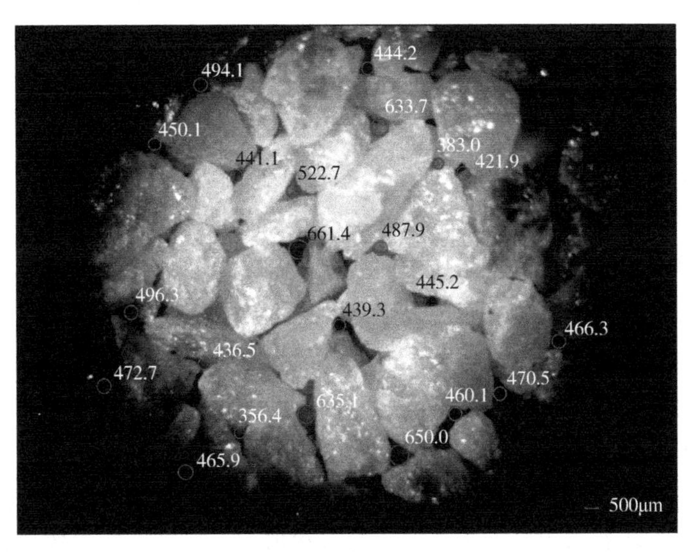

图3-3　石英砂填制的模拟地层孔隙尺寸
(彩图见书后附录)

10目石英砂对应中值粒径为1700μm，根据理想模型三角形与正方形排列方式计算公式[式(3-3)与式(3-4)]，计算孔吼直径范围为264~704μm。实际测量的孔径平均值为488μm，由式(3-5)可以得到三角形排列在填砂岩心中比例权值为 $\alpha=0.49$。根据此方法，可以计算出不同粒径石英砂填制的均质岩心孔道直径，结果见表3-2。

表3-2　不同粒径石英砂密实填充填砂管孔道直径

石英砂粒径/目	对应中值粒径/μm	D_1/μm	D_2/μm	D/μm
10	1700.0	263.5	703.8	488.1
20	830.0	128.7	343.6	238.3
40	380.0	58.9	157.3	109.1
60	250.0	38.8	103.5	71.8

(4) 颗粒孔吼匹配实验

根据2.3节中互穿网络聚合体堵剂性能表征，选择PVA凝胶互穿网络聚合体堵剂颗粒进行实验。为便于观察颗粒堵剂在白色填砂中的运移位置，制备PVA凝胶互穿网络聚合体堵剂时加入黑色染料。制备出不同粒径的黑色堵剂颗粒，过标准筛筛分，备用。实验采用填砂管为50cm×2.5cm，具体实验步骤如下：

①用石英砂填制填砂管，填实，模拟高渗大孔道地层；

② 连接实验装置；

③ 关闭入口开关，填砂管抽真空、饱和水；

④ 打开入口阀门，启动平流泵，向填砂管中注入不同目数的互穿网络聚合体颗粒堵剂体系，电脑采集压力曲线；

⑤ 驱替结束，将岩心填砂管拆除，观察注入端面滤饼情况；

⑥ 将填砂管放入烘箱内烘干，按照原始位置取出填砂管中填砂并测量互穿网络聚合体颗粒在填砂管中的运移深度。

(5) 颗粒裂缝匹配实验

为开展弹性颗粒与裂缝的封堵匹配实验，设计加工制作了裂缝岩心柱模型。相对于多孔介质来说，裂缝渗流能力高很多，而且一般裂缝发育的储层，基质渗透率都很低，基质渗流能力通常不考虑。裂缝模型采用不锈钢制作，裂缝形状设计为楔形，裂缝开度在不同长度下尺寸渐变。裂缝面表面进行喷砂打毛处理。楔形裂缝图见图3-4，楔形裂缝一端开度为3mm，另一端开度为1mm，裂缝宽20.0mm，长300.0mm。

选择染色的PVA凝胶互穿网络聚合体堵剂颗粒进行实验。采用裂缝岩心柱模型，具体实验步骤如下：

① 连接实验装置，中间容器采用可搅拌中间容器，保证颗粒的悬浮性；

② 打开入口阀门，启动平流泵，向裂缝模型中注入不同目数的互穿网络聚合体颗粒堵剂体系，电脑采集压力曲线；

③ 驱替结束，将裂缝岩心柱模型拆除，观察颗粒封堵在裂缝中的位置。

(6) 颗粒运移规律评价实验

采用变径玻璃管[图3-5(a)]观察颗粒在孔喉中的变形运移规律，通过透明有机玻璃管[图3-5(b)]研究颗粒在多孔介质中的运移规律。实验装置流程图见图3-6。

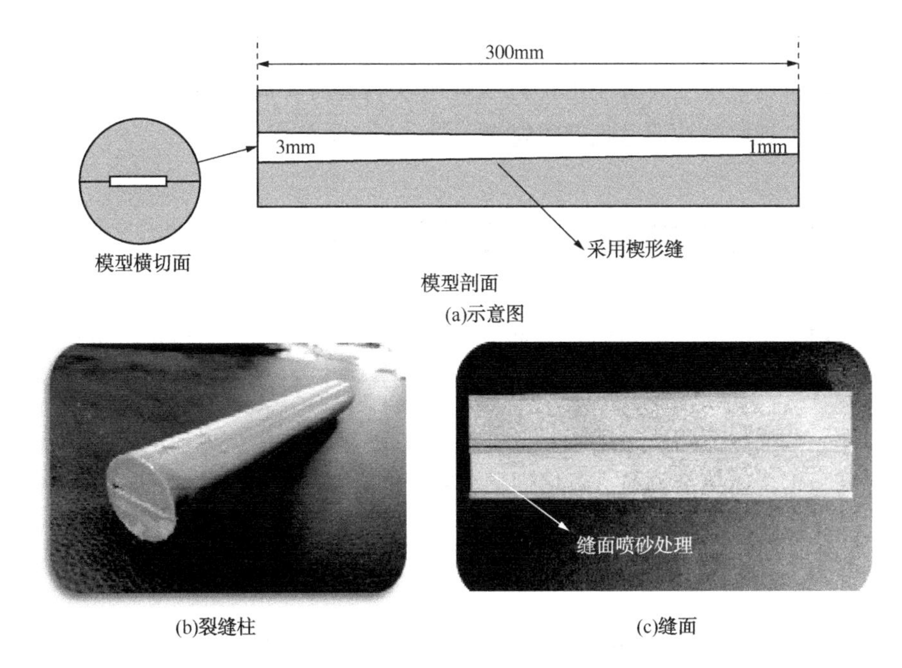

图 3-4 楔形裂缝岩心柱模型

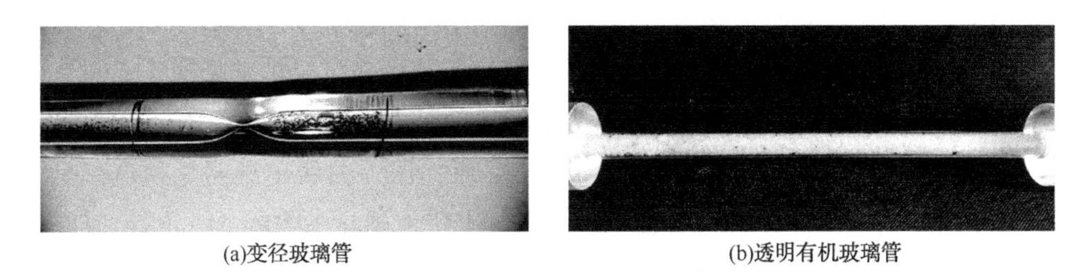

图 3-5 颗粒运移规律评价模型

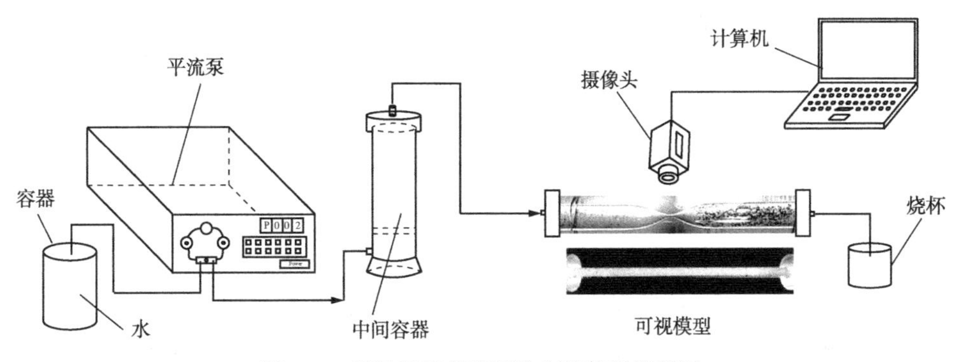

图 3-6 颗粒运移规律评价实验装置流程图

实验步骤如下：①连接仪器，试压、试漏。打开显微摄像头，调整位置，将拍摄范围定位于变径管吼道部位或透明玻璃管需要观察部位；②注入颗粒堵剂体系，观察颗粒通过吼道的规律。

3.2 堵剂颗粒与孔喉匹配关系

根据溶胀性弹性颗粒特性，初始注入运移时，颗粒粒径较小，可以在孔喉中通过。吸水膨胀后粒径变大，在地层形成架桥封堵。因此，决定颗粒粒径与地层孔喉尺寸相匹配的关键在于溶胀后颗粒的粒径，选择溶胀平衡后的互穿网络聚合体堵剂颗粒进行堵剂颗粒粒径与孔喉尺寸匹配关系研究。

3.2.1 弹性颗粒弹性形变系数

选取中值粒径为150μm(100目)的PVA凝胶互穿网络聚合体颗粒进行实验。颗粒自然堆积100cm^3时质量为46.4g，通过排体积法测得的PVA凝胶互穿网络聚合体(溶胀平衡)密度为1.03g/cm^3，计算可知其实际体积为45.0cm^3。PVA凝胶互穿网络聚合体弹性颗粒单轴压缩试验结果见图3-7(a)，根据压缩结果计算弹性颗粒在不同压力下的弹性形变系数，结果见图3-7(b)。

从图3-7可以看出，当压力大于2MPa时，压力曲线出现明显拐点，呈线性上升，对应的弹性形变系数变化很小。当压力超过12MPa时，PVA凝胶互穿网络聚合体颗粒的弹性形变系数基本达到最大，数值为0.46。

PVA凝胶互穿网络聚合体弹性颗粒的压缩过程可分为三个阶段，在图3-7中标记为Ⅰ、Ⅱ和Ⅲ。图3-8进一步说明了弹性颗粒不同压缩阶段的变化过程。

① 第Ⅰ阶段(图3-7)，弹性颗粒填料堆积结构从自由、松散状态转变为更紧密的状态，颗粒之间接触面积更大。此时，作用在颗粒上的作用力很小，弹性材料几乎没有变形和体积压缩，空气在基本恒定的压力下从填料中排出。该阶段对应图3-8中Ⅰ段。

② 第Ⅱ阶段(图3-7)随着压力开始缓慢上升，颗粒开始变形并相互错位挤压，弹性颗粒体发生一定形变，此阶段压力开始上升，但变化不大。对应图3-8中Ⅱ段。

③ 第Ⅲ阶段(图 3-7)在高压条件下，颗粒因挤压而严重变形，填料中的空气被完全排出。随着压力的进一步增大，装置中的体积压缩完全由固体材料体积的减小引起，这是弹性颗粒材料的弹性形变阶段。对应图 3-8 中Ⅲ段。

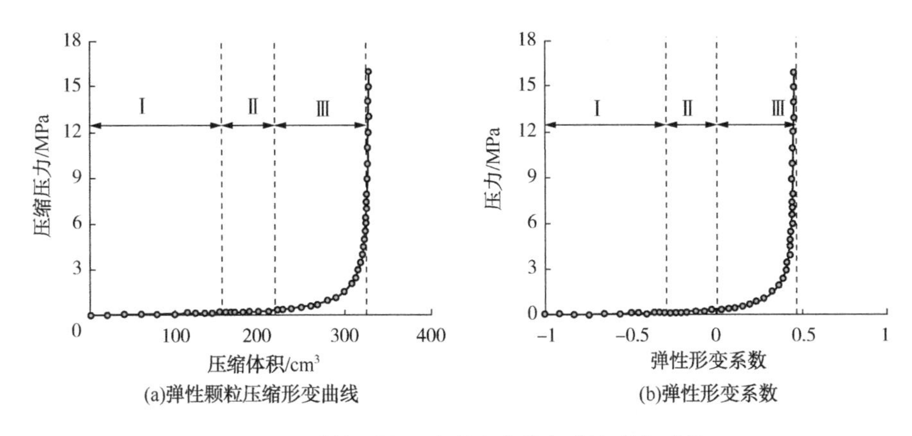

图 3-7　弹性颗粒压缩形变曲线与弹性形变系数

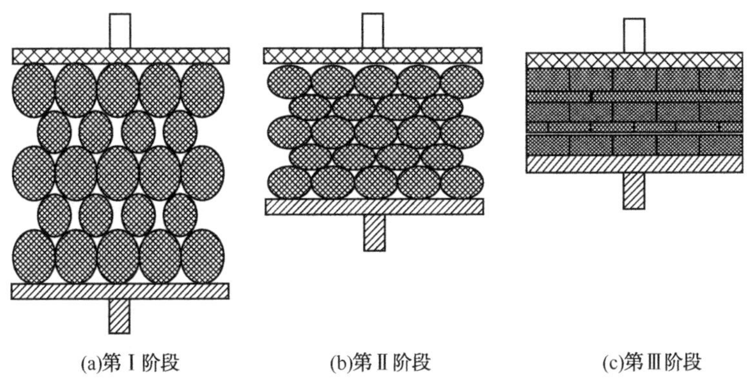

图 3-8　弹性颗粒填料压缩过程示意图

当压力大于 2MPa 压力曲线出现明显拐点，并直线上升，对应弹性形变系数变化不大，当压力超过 12MPa 后，互穿网络聚合体颗粒弹性形变系数基本达到最大值，数值为 0.46。

3.2.2　弹性颗粒体注入性

为便于观察颗粒在注入端面与模拟地层中的运移情况，增强弹性颗粒体与石英砂之间的对比性，采用黑色染色的 PVA 凝胶互穿网络聚合体颗粒进行实验。进行实验的模拟地层分别为 10 目、20 目、40 目、60 目白色石英砂填制，对应渗透率分别为 231μm²、87μm²、52μm²、12μm²。实验采用的 40 目、60 目、80 目、100 目、120 目、200 目、400 目、600 目互穿网络聚合体颗粒对应的中值粒径分别为 425μm、250μm、180μm、150μm、125μm、75μm、35μm、25μm。

(1) 弹性颗粒体注入 231μm²模拟地层

图 3-9 显示了渗透率为 231μm²的模拟地层中注入不同粒径尺寸的互穿网络聚合体颗粒的注入压力曲线。

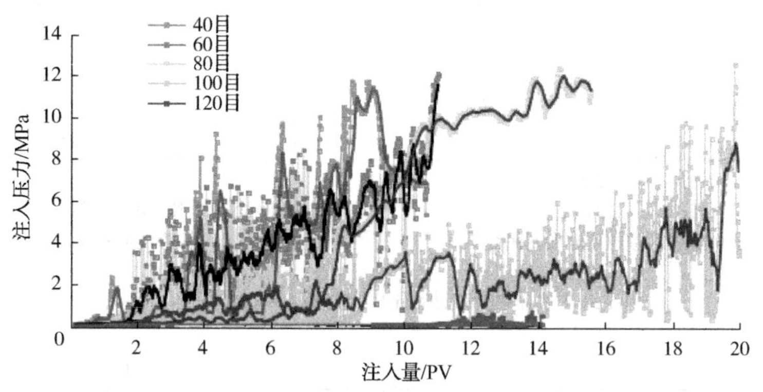

图 3-9 不同粒径互穿网络聚合体颗粒注入 231μm²模拟地层的压力曲线
(彩图见书后附录)

由图 3-9，40 目互穿网络聚合体颗粒注入时，起压后压力迅速上升至 10MPa。从注入压力曲线分析，压力起伏幅度大，频率小。压力起伏幅度大说明封堵迅速，压力上升快；压力起伏频率小说明颗粒堵剂突破前进的次数小，深部运移困难。实验结束，打开填砂管观察颗粒封堵与运移情况，发现在端面形成滤饼，堵剂颗粒几乎未进入填砂储层(图 3-10)。综上判断，40 目互穿网络聚合体颗粒并不能进入地层进行有效孔道封堵，可注入性差。

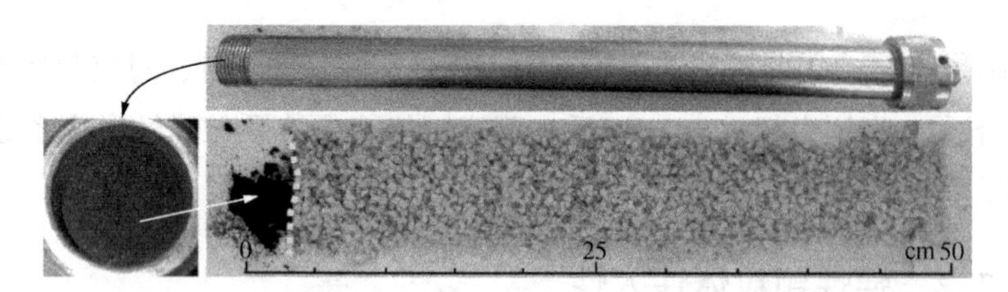

图 3-10 40 目互穿网络聚合体颗粒与 231μm²模拟地层封堵匹配注入情况
(彩图见书后附录)

当注入 60 目、80 目、100 目弹性堵剂颗粒时，压力曲线波动明显，与 40 目颗粒注入压力曲线相比，压力起伏幅度小，频率大。注入堵剂颗粒越小，压力起伏幅度越小，起伏频率越大，间接说明弹性颗粒堵剂在填砂储层中能够变形并向深部运移。注入这些弹性颗粒可以使模拟地层封堵压力达到12MPa，有效封堵储层。然而，粒径越小，达到封堵压力所需的剂量就越大。实验结束，打开填砂管，观察颗粒堵塞与运移情况(图3-11)。结果表明，对于60目颗粒，注入端形成少量滤饼，大部分弹性堵剂颗粒进入模拟地层。当注入80目和100目颗粒时则没有形成滤饼，所有堵剂颗粒都进入模拟地层。因此，对于231μm^2模拟地层，60目、80目和100目颗粒明显具有良好的注入性。

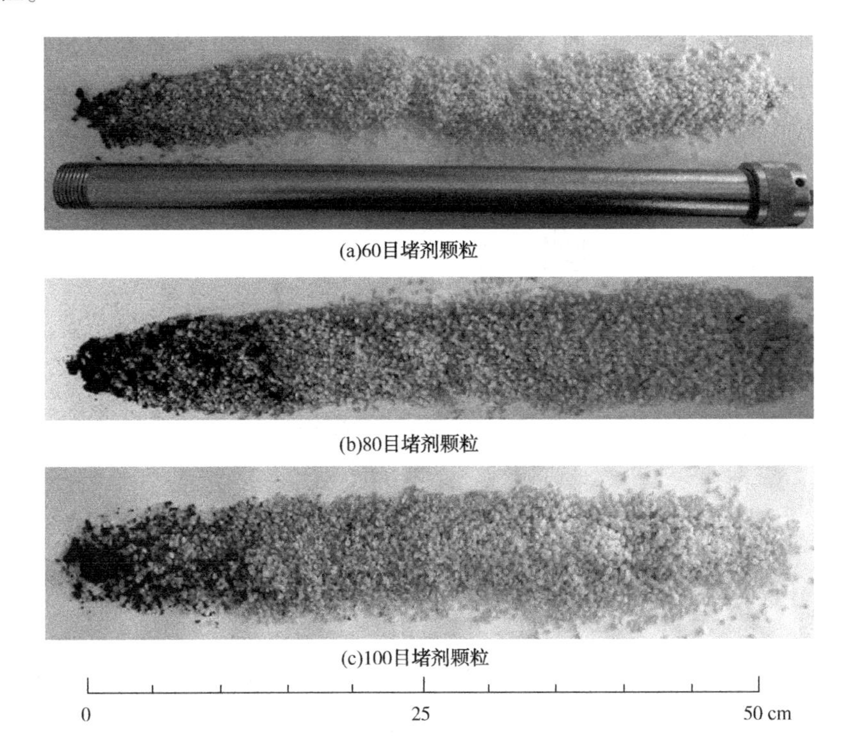

图3-11 60目、80目、100目互穿网络聚合体颗粒注入231μm^2模拟地层颗粒运移情况（彩图见书后附录）

注入120目弹性颗粒堵剂时，从图3-9可以看出，只有注入大量(11PV)堵剂后才产生封堵压力，且达到的最大封堵压力只有0.62MPa，实验中发现大量互穿网络聚合体颗粒从填砂管出口端流出。图3-12中可以看出整个模拟地层中均有弹性颗粒分布。虽然120目互穿网络聚合体颗粒在231μm^2模拟地层中具有良好的注入能力，但无法有效封堵地层，封堵匹配关系较差。

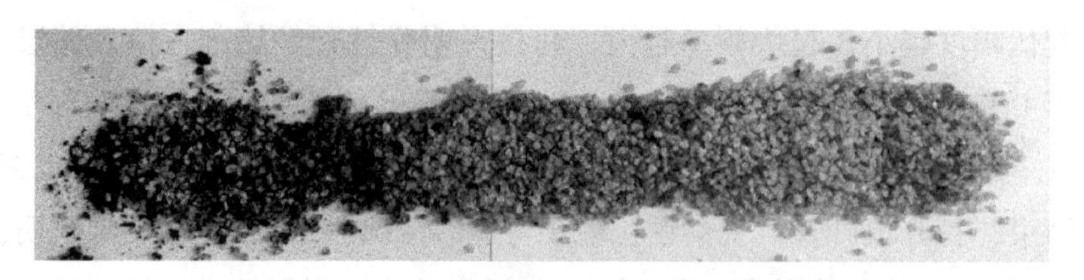

图 3-12　120 目互穿网络聚合体颗粒注入 231μm^2模拟地层颗粒运移情况
（彩图见书后附录）

（2）弹性颗粒体注入 87μm^2模拟地层

图 3-13 显示了渗透率为 87μm^2的模拟地层中注入不同粒径尺寸的互穿网络聚合体颗粒的注入压力曲线。通过对不同粒径弹性颗粒注入压力曲线的比较，发现粒径越小，封堵压力上升越慢，达到预定封堵压力所需的封堵剂用量越大。

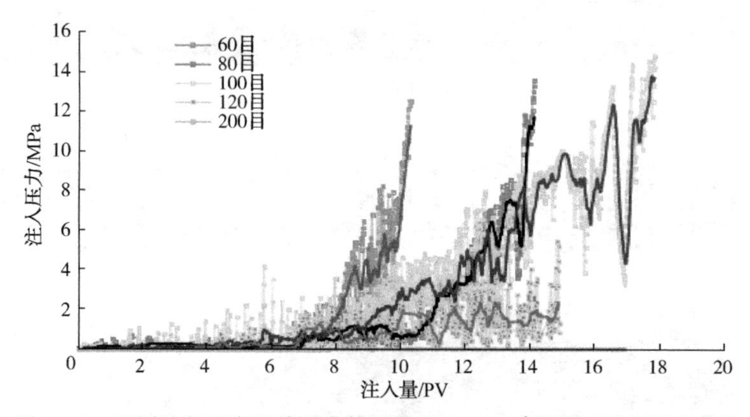

图 3-13　不同粒径互穿网络聚合体颗粒注入 87μm^2模拟地层的压力曲线
（彩图见书后附录）

对于 60 目弹性颗粒堵剂，启动压力后压力曲线略有振荡，然后迅速上升。实验结束后观察填砂管中颗粒运移情况[图 3-14(a)]，可以看出互穿网络聚合体颗粒进入模拟地层深度较浅，端面形成大量滤饼，说明 60 目互穿网络聚合体颗粒在 87μm^2模拟地层可注入性差。

80 目、100 目互穿网络聚合体颗粒注入 87μm^2模拟地层，压力曲线波动明显，随着堵剂注入量的增加，封堵压力频繁波动并逐渐变大，说明弹性颗粒堵剂在模拟地层中变形并逐步向前运移，形成有效封堵，最大封堵压力大于 12MPa。图 3-14(b)和(c)显示，注入端面存在少量滤饼，大多数封堵剂颗粒进入模拟地层，这表明具有良好的注入能力。

120目、200目注入实验中发现互穿网络聚合体颗粒从填砂管出口端流出，实验结束后观察端面没有滤饼，整个岩心均有弹性颗粒分布，如图3-14(d)与(e)所示。虽然这些颗粒具有良好的可注入性，但对地层的最大封堵压力(120目和200目颗粒分别为5.8MPa和0.03MPa)较低，说明地层无法有效封堵；因此，100目以上封堵匹配关系较差。

(a)60目堵剂颗粒

(b)80目堵剂颗粒

(c)100目堵剂颗粒

(d)120目堵剂颗粒

(e)200目堵剂颗粒

图3-14 不同粒径互穿网络聚合体颗粒注入87μm²模拟地层颗粒运移情况(彩图见书后附录)

（3）弹性颗粒体注入 52μm²模拟地层

图 3-15 显示了渗透率为 52μm²的模拟地层中注入不同粒径尺寸的互穿网络聚合体颗粒的注入压力曲线。

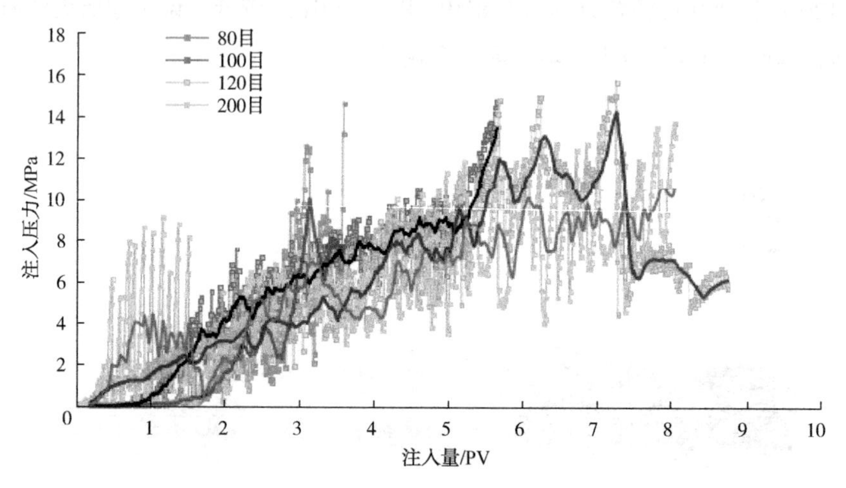

图 3-15　不同粒径互穿网络聚合体颗粒注入 52μm²模拟地层的压力曲线（彩图见书后附录）

注入 80 目和 100 目弹性颗粒，压力先小幅振荡，然后迅速上升。结合填砂管观察结果[图 3-16(a)和(b)]，均在端面形成大量滤饼，互穿网络聚合体颗粒未进入模拟地层，表明与地层孔径封堵匹配关系较差。

对于 120 目弹性颗粒，压力曲线振幅随着压力的增加而增大，压力爬升较快，一旦压力达到一定值，会迅速减小，这表明弹性颗粒发生变形并向前运移。但是，压力的快速升高和压力波动范围小，说明颗粒迁移困难，形成滤饼的可能性大。这在图 3-16(c)中得到了证实，图 3-16(c)表明，在模拟地层注入端形成了一定量的滤饼，部分颗粒进入模拟储层。因此，综合评判 120 目弹性颗粒的注入性不是很好。

200 目互穿网络聚合体颗粒注入压力曲线具有较大的振幅和频率，这就意味着弹性颗粒在模拟地层中的不断变形和突破前进。观察填砂管注入端面，有少量滤饼形成[图 3-16(d)]，大部分颗粒进入模拟地层并向前运移推进，形成最大封堵压力大于 12MPa 的有效封堵。因此，200 目弹性颗粒的注入性很好。

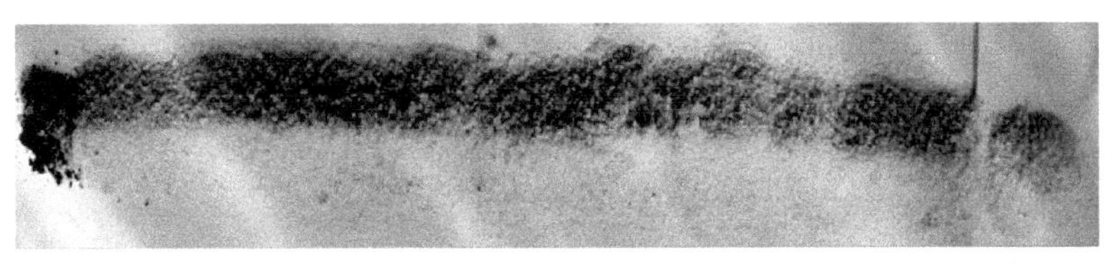

(a)80目堵剂颗粒

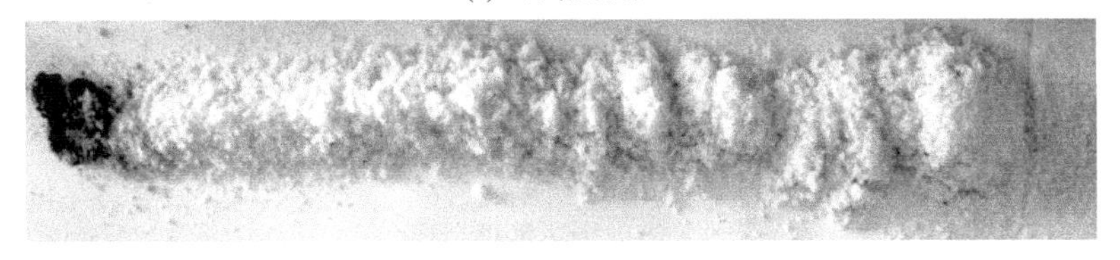

(b)100目堵剂颗粒

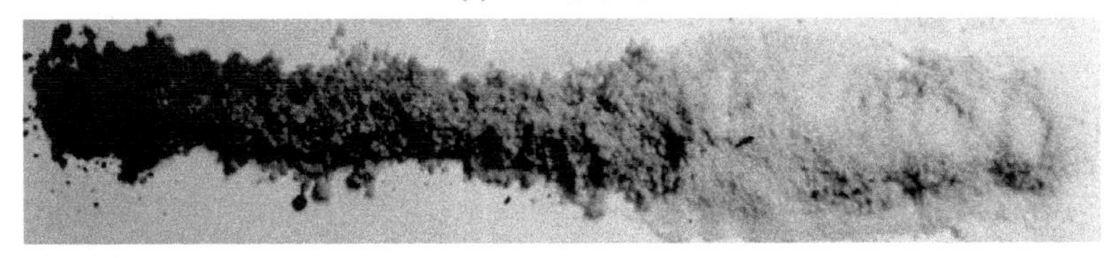

(c)120目堵剂颗粒

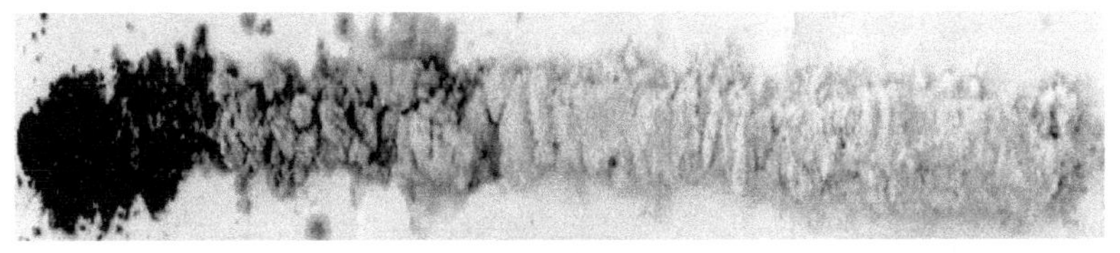

(d)200目堵剂颗粒

图 3-16 不同粒径互穿网络聚合体颗粒注入 $52\mu m^2$ 模拟地层颗粒运移情况（彩图见书后附录）

（4）弹性颗粒体注入 $12\mu m^2$ 模拟地层

图 3-17 为不同粒径尺寸的互穿网络聚合体颗粒注入渗透率为 $12\mu m^2$ 的模拟地层中的注入压力曲线。图中显示，对于 120 目颗粒，注入 5PV 以内，压力曲线震动幅度小，几乎为直线上升。实验结束，观察填砂管注入口端面形成滤饼[图 3-18(a)]，说明互穿网络聚合体颗粒几乎未在模拟储层中运移，说明注入能力较差。

当注入 200 目互穿网络聚合体颗粒时，整体压力增加相对较小，且压力增加是渐进的。最终形成最大封堵压力大于 10MPa 的有效封堵。实验结束后，观察到在填砂管注入口端面形成少量滤饼[图 3-18(b)]，但总体上颗粒注入性良好。

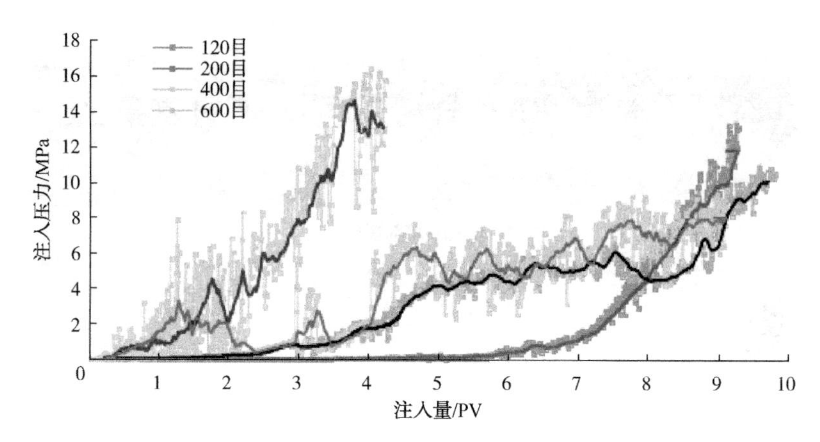

图 3-17　不同粒径互穿网络聚合体颗粒注入 $12\mu m^2$ 模拟地层的压力曲线
（彩图见书后附录）

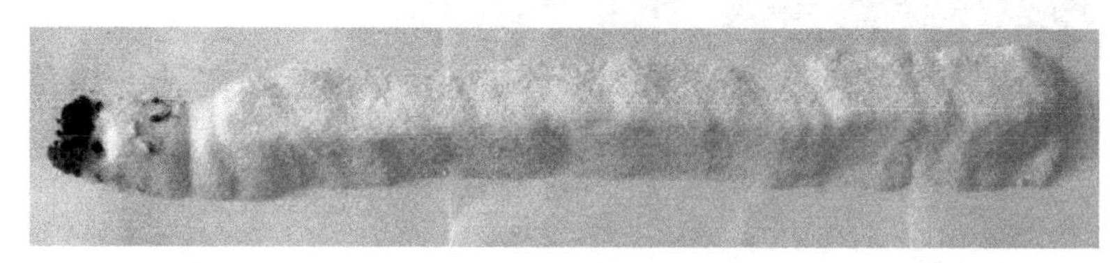

(a)120目堵剂颗粒

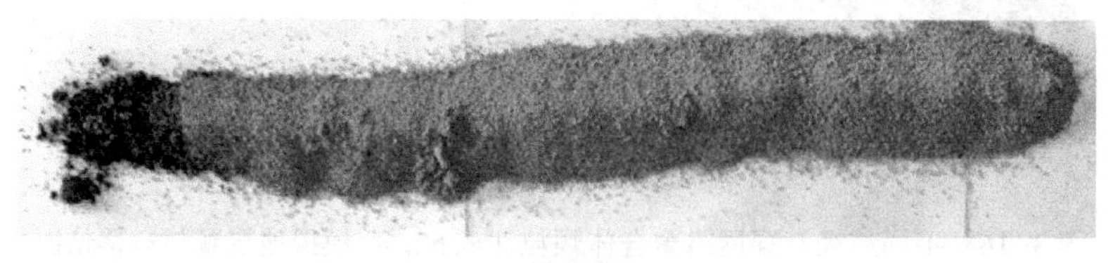

(b)200目堵剂颗粒

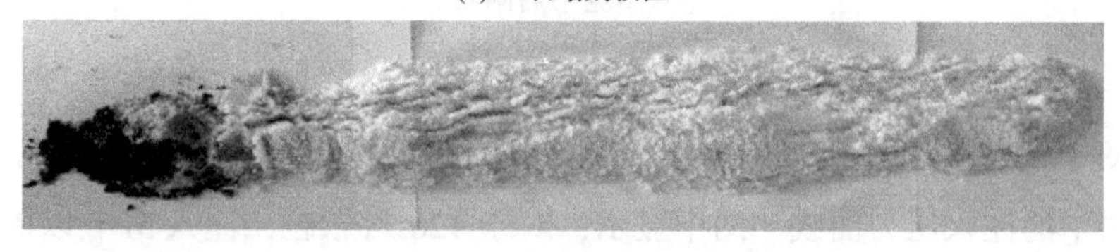

(c)400目堵剂颗粒

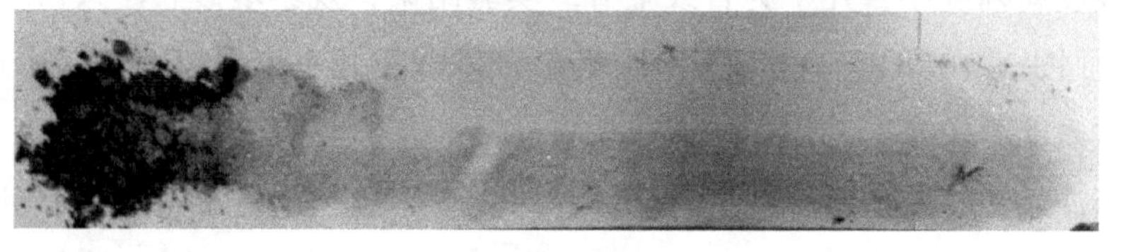

(d)600目堵剂颗粒

图 3-18　不同粒径互穿网络聚合体颗粒注入 $12\mu m^2$ 模拟地层颗粒运移情况
（彩图见书后附录）

当注入400目和600目颗粒时，压力曲线呈现高频振荡，这间接表明弹性颗粒堵剂能够变形并向模拟油藏深处运移，从而在高封堵压力下实现有效封堵。当注入400目弹性颗粒时，会形成少量滤饼，而当注入600目弹性颗粒时，不会形成滤饼，并且两种粒径都能够运移到模拟储层深部[图3-18(c)和(d)]，这表明与地层孔径的注入匹配性良好。

3.2.3　颗粒粒径与地层孔径封堵匹配系数

图3-19为三种通过孔喉的颗粒形态[121]：大颗粒不能进入孔喉形成外部滤饼[图3-19(a)]、颗粒在孔喉中架桥堵塞[图3-19(b)]、小颗粒完全通过孔喉[图3-19(c)]。对于调剖堵水，最好的方法是在孔喉形成堵塞，如图3-19(b)所示，这样颗粒可以深入地层，形成有效的堵塞。在图3-19(a)的情况下，注入颗粒将停留在井壁附近，导致表皮滤饼，颗粒不能运移到深层形成堵塞。在图3-19(c)的情况下，颗粒虽然可以运移到地层深部，但无法形成有效的封堵。对于图3-19(b)中的情况，弹性颗粒将继续在孔喉中变形通过，并运移到深部地层，直至形成有效封堵，对应压力曲线表现为压力振荡并且压力曲线逐渐爬升。通过注入过程中压力曲线的变化，可以判断图3-19(b)中的封堵情况。

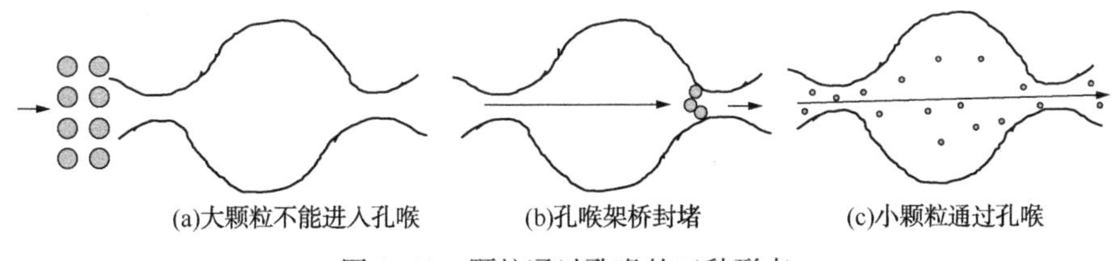

图3-19　颗粒通过孔喉的三种形态

注入压力曲线的振荡反映了孔隙喉道中弹性颗粒的桥接堵塞和变形突破过程，定义压力波动频率为每个注入体积内压力波动的次数，可以在一定程度上反映孔喉中弹性颗粒的变形和运移困难程度，压力波动频率越大，弹性颗粒变形推进越容易。

弹性颗粒的注入能力可以直接由注入端滤饼的情况和颗粒的运移深度来表征。滤饼量越少，可注入性越好，颗粒在孔喉中越容易运移，进入深度也越深。封堵压力代表弹性颗粒对储层的封堵强度，实验中的弹性颗粒对模拟地层的封堵压力大小取决于两部分，一部分是端部致密滤饼造成的注入阻力，另一部分是弹性颗粒在孔隙中运移的阻力叠加。只有弹性颗粒在孔隙中运移造成的封堵压力才能代表封堵效果。

通过综合分析弹性颗粒的注入压力波动频率、注入端面滤饼情况、颗粒进入深度、封堵压力等数据，可以得出颗粒粒径与地层孔道直径的匹配关系。根据 3. 2. 1 节中弹性形变系数试验结果，压力波动幅度大于 2MPa 的波动次数为弹性颗粒变形突破的有效次数。为了便于对比，以堵剂体系注入 10PV 时的堵水压力为压力。当堵剂注入量小于 10PV 时，以压力曲线的最大值作为堵水压力。弹性颗粒粒径与地层孔径封堵匹配关系综合分析评价见表 3-3。

表 3-3　颗粒粒径与地层孔径封堵匹配关系综合分析评价

模拟地层渗透率/μm^2	弹性颗粒粒径/目 匹配评估参数	40	60	80	100	120	200	400	600
231	波动频率/次	3	14	15	15	0	—	—	—
	滤饼情况 *	+++	+	N	N	N	—	—	—
	注入深度/cm	0	11	14	25	50	—	—	—
	封堵压力/MPa	8. 0	8. 9	7. 4	5. 8	0. 1	—	—	—
87	波动频率/次	—	12	14	16	20	0	—	—
	滤饼情况 *	—	++	+	+	N	N	—	—
	注入深度/cm	—	5	10	16	50	50	—	—
	封堵压力/MPa	—	8. 08	8. 2	5. 4	3. 14	0. 01	—	—
52	波动频率/次	—	—	20	22	30	10	—	—
	滤饼情况 *	—	—	+++	+++	+	+	—	—
	注入深度/cm	—	—	0	2	15	20	—	—
	封堵压力/MPa	—	—	>12	>12	>12	>12	—	—
12	波动频率/次	—	—	—	—	10	10	15	23
	滤饼情况 *	—	—	—	—	+++	+	+	+
	注入深度/cm	—	—	—	—	0	10	10	15
	封堵压力/MPa	—	—	—	—	> 12	> 12	11. 0	8. 6

注：颗粒浓度为 0. 5%；滤饼情况 * ：N 代表没有滤饼，+代表少量滤饼，++代表较多滤饼，+++代表很多滤饼；表中“—”表示未进行相关组合实验。

颗粒粒径与地层孔径封堵匹配关系好需要同时满足注入过程中压力波动

频率大、没有滤饼或少量滤饼、注入深度大、封堵压力高。根据表 3-3，综合对比不同粒径互穿网络聚合体颗粒的注入深度和封堵压力可以得出封堵不同渗透率地层的最佳颗粒粒径范围与最佳封堵匹配系数，结果见表 3-4。

表 3-4　互穿网络聚合体颗粒孔吼直径匹配关系

渗透率/μm²	孔吼直径/μm	最大匹配粒径/μm	最小匹配粒径/μm	封堵匹配系数（颗粒粒径/孔吼直径）
231	488. 1	250	150	0. 31~0. 51
87	238. 3	180	150	0. 63~0. 76
52	109. 1	75	38	0. 35~0. 69
12	71. 8	38	23	0. 32~0. 53

如表 3-4 所示，每个模拟地层的封堵匹配系数(定义为颗粒粒径与孔喉直径之比)并不完全重叠，但区域相对集中，将表 3-4 中四种渗透率岩心匹配关系的最大值和最小值作为弹性颗粒与地层孔径的封堵匹配系数。即在弹性颗粒浓度为 0. 5%的情况下，最佳封堵匹配系数在 0. 31~0. 76 之间。

将表 3-4 中渗透率与封堵匹配系数数据绘制成曲线，见图 3-20，分析弹性颗粒浓度在 0. 5%情况下的渗透率与封堵匹配系数变化规律。

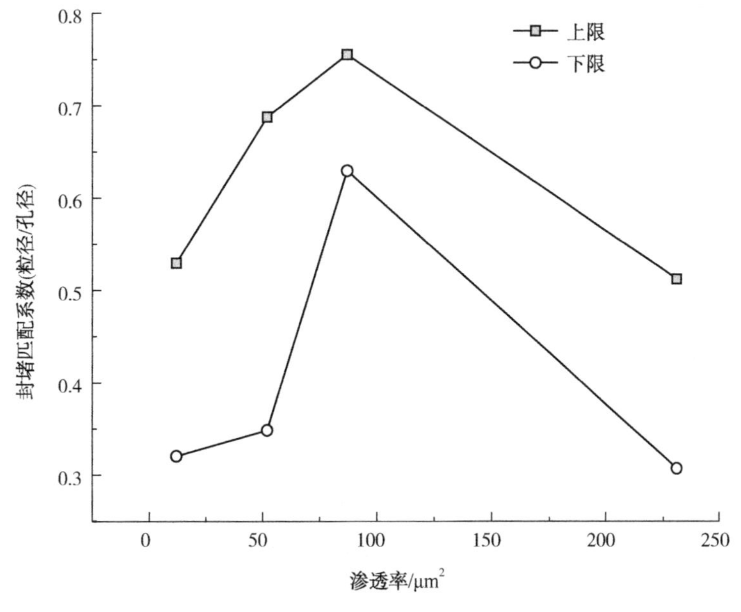

图 3-20　渗透率与封堵匹配系数关系曲线

由图3-20可以看出，在一定注入颗粒浓度(以0.5%分析)条件下，弹性颗粒封堵匹配系数受渗透率大小的影响而变化。随着渗透率增大，封堵匹配系数先增加后降低，分析认为这与颗粒流动速度和颗粒团聚行为有关。在较低渗透率下，颗粒封堵匹配系数较小有两个方面原因：①在一定注入速度下，渗透率越低，颗粒在孔喉中的运移速度越快，颗粒架桥概率大，封堵匹配系数较小。②与低渗封堵匹配的颗粒粒径较小，颗粒容易发生一定的团聚行为，也会降低封堵匹配系数。随着渗透率增加，颗粒在孔喉中的运移速度降低，适配封堵的颗粒粒径变大，颗粒聚集行为减弱，从而使封堵匹配系数增加。渗透率很大时，适配封堵的颗粒粒径较大，且颗粒在孔喉中运移缓慢，颗粒容易在孔喉中沉降堆积，使架桥容易，从而使封堵匹配系数减小。

由图3-20，在一定的注入速率下，渗透率越低，颗粒在孔喉道中的迁移速度越快，颗粒桥接的概率越大，匹配系数较小。低渗下封堵匹配的堵剂粒径较小，易出现团聚，也会降低匹配系数。随着渗透率的增加，颗粒在孔隙中迁移速率减小，堵塞颗粒粒径增大，颗粒聚集行为减小，堵塞匹配系数增大。当渗透率较大时，适合堵塞的颗粒粒径较大，颗粒在孔隙喉道内的迁移速度较慢，容易在孔隙喉道内沉降和积聚，易于架桥，匹配系数变小。

颗粒与孔喉的匹配关系还受注入浓度的影响，Civan[121]、Gruesbeck 和 Collins[122]、Al-Ibadi 和 Civan[123]绘制了在不同颗粒浓度下测定的颗粒架桥条件的图表，这些图表中的架桥区域包含了图3-19中的(a)和(b)两种情况，但对于油田调剖与堵水，只需要图3-19(b)中的架桥封堵情况。

由于施工条件等限制，目前调剖堵水作业注入颗粒堵剂体系的浓度一般不超过5.0%，进一步对不同浓度下的封堵匹配系数进行研究。选择渗透率为52μm^{2}的填砂管模型进行实验，结果见图3-21。

图3-21可以分为三个区域：Ⅰ-大颗粒不能通过孔喉区域，Ⅱ-颗粒封堵架桥区域，Ⅲ-小颗粒顺利通过区域，分别对应图3-19中的(a)、(b)、(c)。在调剖堵水中，选用的最佳封堵匹配系数为区域Ⅱ-颗粒封堵架桥区域。从图3-21中曲线可以看出，随着注入颗粒浓度的增加，封堵匹配系数先降低后趋于平缓，且低注入颗粒浓度下的最佳封堵匹配系数范围大于高注入颗粒浓度。这是因为在低注入颗粒浓度下，颗粒在孔喉中被捕获架桥的概率低，相对容易通过孔喉，需要较大粒径颗粒才能实现孔喉封堵，因此封堵匹配系数较大，

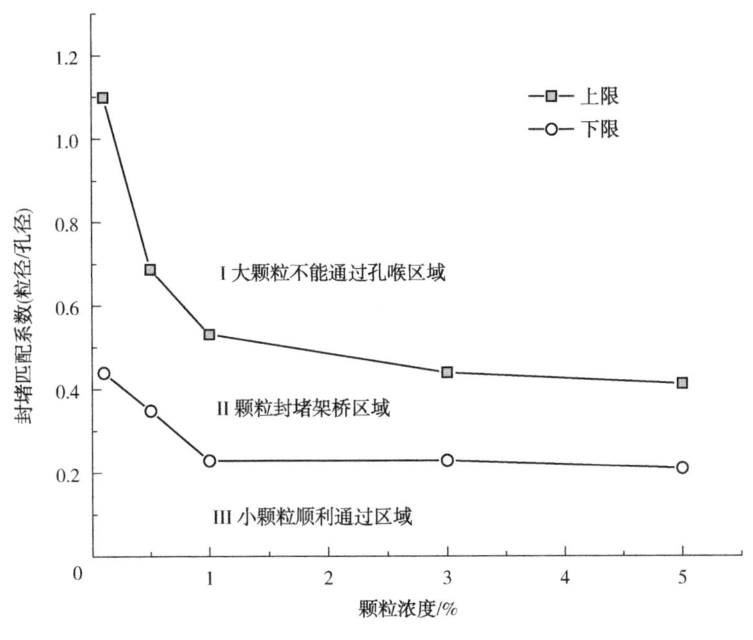

图 3-21　颗粒浓度对封堵匹配系数的影响

且封堵匹配系数上限与下限数值范围宽。颗粒浓度增加，颗粒在孔喉中被捕获架桥的概率变大，封堵匹配系数减小，封堵匹配系数上限与下限数值范围变窄。注入的弹性颗粒浓度在5%以内时，封堵匹配系数在0.21~1.10之间。

3.2.4　弹性颗粒与刚性颗粒封堵匹配系数的关系

刚性颗粒与地层孔隙喉道的匹配关系比较明确，文献对此有广泛的一致性，即刚性颗粒与地层孔隙喉道的匹配堵塞，最佳粒径与孔径比为0.11~0.50[83,84,92-94,121]，不同研究的封堵匹配系数的差别主要是由不同的颗粒特性和注入参数引起的。

在本研究中，弹性颗粒与地层孔喉的封堵匹配系数为0.21~1.10，如图3-18所示，这与刚性颗粒的堵塞匹配系数明显不同。这种差异与弹性颗粒的弹性形变系数有关。本研究的弹性颗粒最大弹性形变系数为0.46。当弹性颗粒被压缩到最大弹性形变系数时，可视为刚性颗粒，因此，压缩弹性颗粒与地层孔隙喉道的堵塞匹配关系为：(0.21~1.10)×0.46=0.10~0.51，该结果与以前研究中发现的刚性颗粒和孔喉之间封堵匹配系数(0.11~0.50)极为相似。

因此，提出利用弹性颗粒的弹性形变系数，将弹性颗粒与地层孔喉之间的封堵匹配关系转化为刚性颗粒的等效关系。换算公式如下：

$$\Psi_T = \Psi_G / K_a \tag{3-6}$$

式中 Ψ_T——弹性颗粒与地层孔喉封堵匹配系数(颗粒直径/孔喉直径)；

Ψ_G——刚性颗粒与地层孔喉封堵匹配系数(颗粒直径/孔喉直径)；

K_a——弹性颗粒弹性形变系数。

因此，只要知道弹性颗粒的弹性形变系数，这种方法就可以应用于各种各样的弹性颗粒的封堵匹配系数的计算。

该陈述可以由胡克(Hookean)定律(式 2-12)作为解释。根据 2.3.3 中互穿网络聚合体黏弹性研究可知，在互穿网络聚合体发生屈服破坏之前，其切变模量与切变应力满足胡克定律。弹性颗粒在孔喉中架桥封堵时，作用于堵在孔喉道处弹性颗粒上的流体力(图 3-22 中的 F_L)，使弹性颗粒相互挤压压缩(图 3-22 中的 F_{H1}和 F_{H2})，其作用力过程为挤压过程，不会出现剪切屈服作用力阶段，由前所述其作用力满足胡克定律。

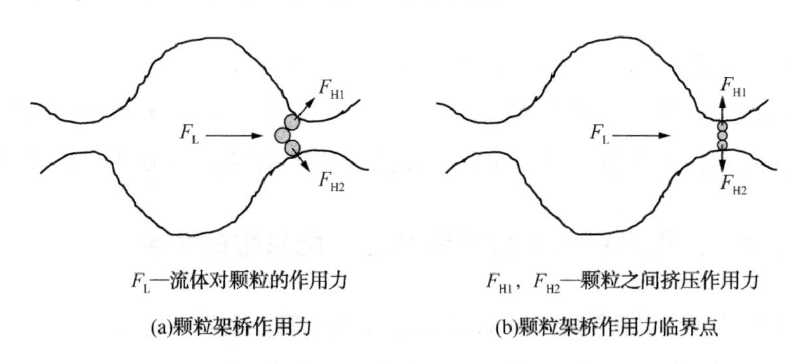

(a)颗粒架桥作用力　　(b)颗粒架桥作用力临界点

图 3-22　颗粒孔喉架桥作用力示意图

根据胡克定律，当弹性模量 E 为一定值时，颗粒受到的压缩力与压缩量 ε 有关，而孔喉中的颗粒是否架桥取决于颗粒尺寸。对于弹性颗粒，由于流体力的作用，它们被挤压变形，颗粒架桥的临界粒径取决于挤压变形后的粒径。用 3.1 节所示的方法测量弹性颗粒的弹性形变系数，即弹性颗粒可被压缩的形状变量。由此，可实现弹性颗粒与刚性颗粒封堵匹配系数的等效转换。

3.3　堵剂颗粒与裂缝匹配关系

3.3.1　颗粒注入性

与多孔介质孔喉封堵不同，采用楔形裂缝模型进行封堵实验不会出现弹性颗粒“孔喉”式通过的压力波动。为便于实验并确定颗粒在裂缝中的架桥情况，以不同方式向模拟裂缝中注入互穿网络聚合体颗粒堵剂后，观察裂缝出口端颗粒流出情况，裂缝出口无堵剂颗粒流出时视为颗粒架桥封堵裂缝。打开裂缝模型，观察封堵位置，计算颗粒所卡堵在楔形缝的裂缝开度，进一步得到颗粒与裂缝的封堵匹配系数(颗粒粒径 D 与裂缝开度 A_L 的比值)。颗粒在裂缝中的卡堵位置示意图见图 3-23。

颗粒卡堵位置裂缝开度计算：$A_L=A_1+L\times(A_0-A_1)/L_0=1+L/150$　　(3-7)

颗粒与裂缝的封堵匹配系数：$\Psi_f=D/A_L$　　(3-8)

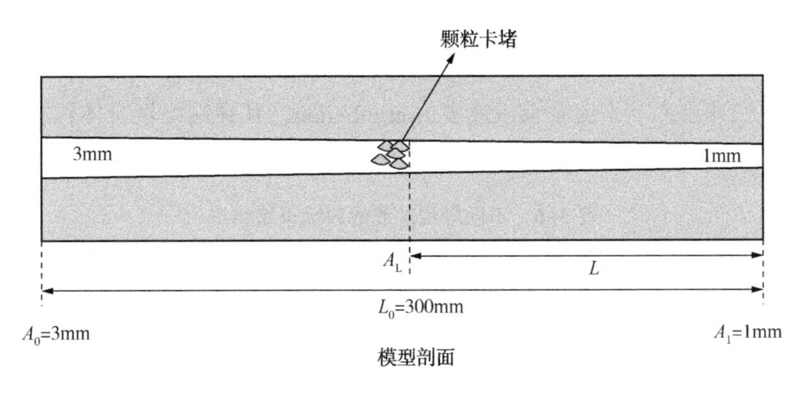

图 3-23　颗粒在裂缝中的卡堵位置示意图

(1) 颗粒粒径对封堵匹配系数的影响

固定楔形裂缝岩心柱模型，将质量浓度为 10.0%的互穿网络聚合体弹性颗粒从宽开度裂缝口以相同速度倾倒注入裂缝模型中，观察颗粒卡堵位置。模拟最大注入速度与注入浓度条件下不同颗粒粒径对裂缝的卡堵匹配关系。实验结果见表 3-5。

表 3-5 不同颗粒粒径的裂缝卡堵结果

颗粒中值粒径/mm	是否架桥卡堵	卡堵位置距 1mm 开度端距离/mm	封堵匹配系数（颗粒粒径/裂缝开度）
1.43	是	75.0	0.95
0.73	是	65.0	0.50
0.11	否	—	—

由表 3-5 可知，裂缝开度越大，对应的颗粒封堵匹配系数越大。当颗粒封堵匹配系数小于一定值时便无法在裂缝中形成有效的架桥卡堵。一般情况下，当颗粒粒径大于封堵裂缝开度时，堵剂颗粒难以进入裂缝并在裂缝端口形成架桥卡堵；而当颗粒粒径远小于裂缝开度时，颗粒顺利通过裂缝，不能在裂缝中形成有效的架桥卡堵。堵剂颗粒的浓度、注入速度会影响颗粒架桥卡堵行为，颗粒浓度越大，注入速度越快，颗粒相互碰撞的概率越高，就越易形成架桥卡堵行为。本实验设定的颗粒浓度与注入速度为现场实际施工注入的最高限参数值，颗粒与裂缝的最小卡堵匹配系数为 0.50。

（2）颗粒浓度对封堵匹配系数的影响

固定楔形裂缝岩心柱模型，将不同质量浓度的互穿网络聚合体弹性颗粒利用平流泵快速泵入。平流泵泵入速度为 80mL/min，互穿网络聚合体颗粒粒径中值为 1.43mm。观察颗粒卡堵位置，计算封堵匹配系数。实验结果见表 3-6。

表 3-6 不同颗粒浓度的裂缝卡堵结果

颗粒浓度/%	是否架桥卡堵	卡堵位置距 1mm 开度端距离/mm	封堵匹配系数（颗粒粒径/裂缝开度）
10	是	269.0	0.51
5	是	225.0	0.57
3	是	164.0	0.68
1	是	93.0	0.88
0.5	是	75.0	0.95

由表 3-6 可知，颗粒封堵匹配系数随着颗粒浓度的增大而减小，说明卡堵同一开度的裂缝，颗粒浓度越大，所适配粒径越小，因为浓度的增大，增加了颗粒之间的相互碰撞架桥概率。颗粒封堵匹配系数与颗粒浓度之间关系绘制为图 3-24。

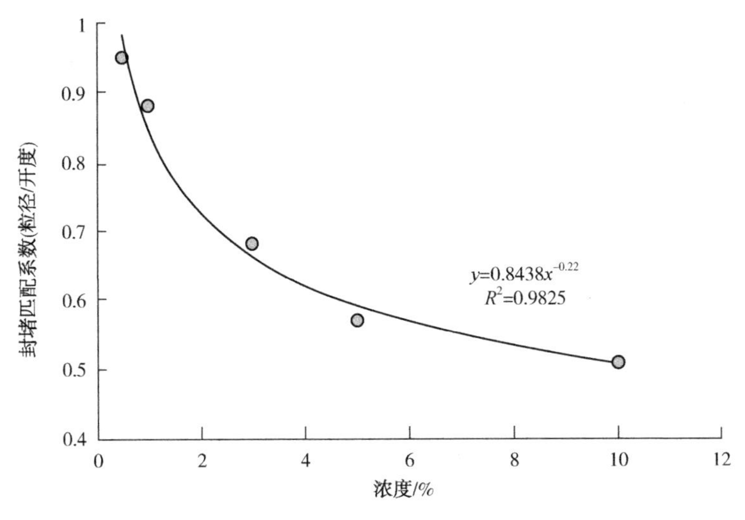

图 3-24 颗粒封堵匹配系数与颗粒浓度之间关系

由图 3-24，随着颗粒浓度的增加，封堵匹配系数先迅速下降后趋于平缓，两者之间满足乘幂关系：$y=0.8438x^{-0.22}$。分析认为，颗粒浓度低的时候，颗粒分散均匀，在裂缝中运移的时候，相互碰撞概率低，如前所述一致。随着颗粒浓度的增加，注入前颗粒就出现相互碰撞，甚至部分团聚的现象，进入裂缝中更容易卡堵，封堵匹配系数降低并趋于平缓。

(3) 注入速度对封堵匹配系数的影响

固定楔形裂缝岩心柱模型，用平流泵不同泵入速度注入互穿网络聚合体颗粒体系，颗粒粒径中值为 1.43mm。观察颗粒卡堵位置，计算封堵匹配系数。实验结果见表 3-7。

表 3-7 不同注入速度的裂缝卡堵结果

颗粒浓度/%	注入速度/(mL/min)	是否架桥卡堵	卡堵位置距 1mm 开度端距离/mm	封堵匹配系数(颗粒粒径/裂缝开度)
2	2	否	—	—
	4	否	—	—
	6	否	—	—
	8	否	—	—
	10	否	—	—

续表

颗粒浓度/%	注入速度/(mL/min)	是否架桥卡堵	卡堵位置距 1mm 开度端距离/mm	封堵匹配系数(颗粒粒径/裂缝开度)
4	2	否	—	—
	4	否	—	—
	6	否	—	—
	8	否	—	—
	10	是	75.0	0.95
6	2	否	—	—
	4	否	—	—
	6	否	—	—
	8	是	88.0	0.9
	10	是	101.0	0.85
8	2	否	—	—
	4	否	—	—
	6	否	—	—
	8	是	206.0	0.6
	10	是	239.0	0.55
10	2	否	—	—
	4	是	219.0	0.58
	6	是	269.0	0.51
	8	是	278.0	0.5
	10	是	286.0	0.49

由表 3-7，在低速注入弹性颗粒下，颗粒在裂缝中的架桥卡堵受制于颗粒浓度。在较高注入浓度下(表 3-7 中 10%)，注入速度越高，颗粒封堵匹配系数越小。

3.3.2 颗粒与裂缝封堵匹配图版

将上节中颗粒与裂缝封堵匹配实验的不同颗粒浓度与注入速度下的封堵匹配结果绘制成裂缝封堵匹配的区域图版，见图 3-25。

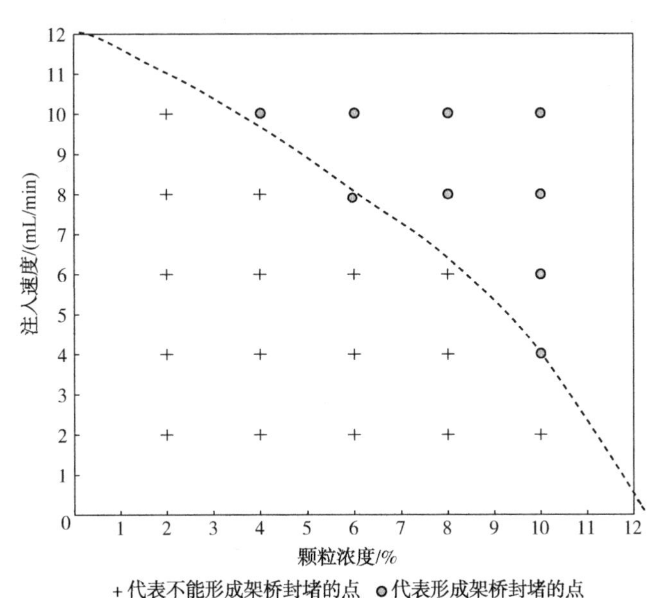

图 3-25 颗粒与裂缝封堵匹配区域图版

将不能形成架桥卡堵的实验数据点的封堵匹配系数赋予值为1(颗粒粒径与裂缝开度等尺寸)，进行等值线图绘制，绘制不同颗粒浓度与不同注入速度下颗粒在裂缝中的封堵匹配技术图版，见图 3-26，图中等值线为颗粒与裂缝的封堵匹配系数。

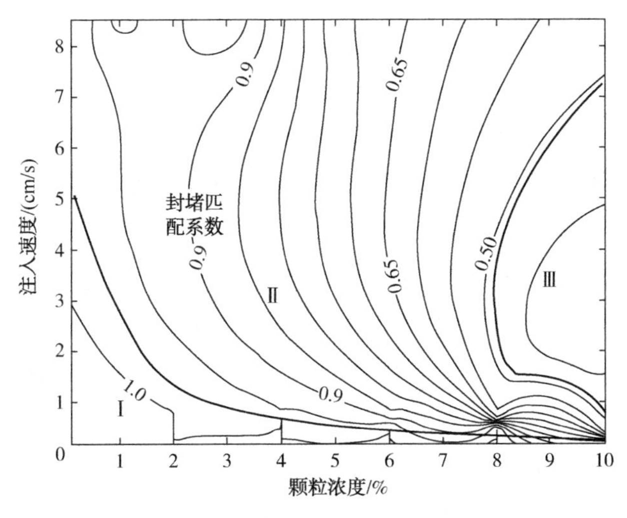

图 3-26 颗粒与裂缝封堵匹配技术图版

图 3-26 中可以分为 3 个区域，Ⅰ区代表颗粒不能进入裂缝的区域，Ⅱ区代表颗粒可以进入裂缝并形成架桥卡堵的区域，封堵匹配系数为 0.49~0.95，Ⅲ区代表颗粒可以顺利通过裂缝，不能形成有效卡堵的区域。

基于颗粒与裂缝封堵匹配技术图版，对于互穿网络聚合体颗粒封堵裂缝，应当选择图 3-26 中区域Ⅲ对应的颗粒粒径，且到达目的层裂缝时膨胀的颗粒粒径应当在图 3-26 中区域Ⅱ。关于裂缝封堵调控方法将在后面章节中详细介绍。

3.4 堵剂颗粒运移规律

3.4.1 颗粒在多孔介质中的运移规律

(1) 颗粒通过多孔介质孔喉规律

采用可视变径管模拟地层孔喉。互传网络聚合体颗粒粒径为 250μm，变径管吼道处直径为 400μm，颗粒粒径与孔喉直径比为 0.63，介于最佳封堵匹配系数之间。将互穿网络聚合体颗粒堵剂体系注入变径管中，观察颗粒通过孔喉时的规律。图 3-27 显示了互穿网络聚合体颗粒通过孔喉的过程(左侧为注入端)，分为颗粒架桥—颗粒聚集—孔喉前起压—颗粒变形通过—颗粒回流几个过程。

图 3-27(a)中弹性颗粒随着流体运移至孔喉处，并在孔喉处形成架桥[图 3-27(b)]，此时流体介质依然可以从架桥颗粒缝隙中通过吼道，流量减小，导致后续携带颗粒的流体流速降低，弹性颗粒在吼道前缘处聚集[图 3-27(c)]，孔喉封堵加强，孔喉前端压力逐渐升高[图 3-27(d)]，压力增加使得弹性颗粒相互挤压形变，进一步强化孔喉处的封堵，导致孔喉前端压力迅速增加，当增加的压力大到将架桥的弹性颗粒团体挤压变形至小于孔喉尺寸时，弹性颗粒通过孔吼[图 3-27(e)]，同时由于孔喉处的缩径原因，未通过孔喉的颗粒回流[图 3-27(f)]，孔喉前端压力降低。弹性颗粒在地层孔喉中的封堵运移过程宏观表现为弹性颗粒注入模拟储层压力曲线中的压力不断波动，这也解释了 3.2.2 节中注入压力曲线的不断波动现象。

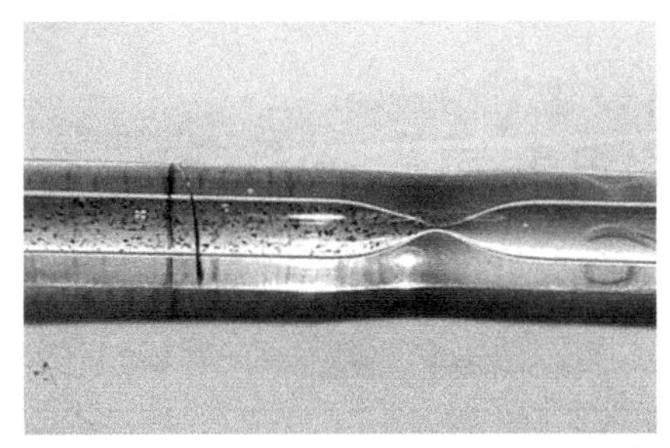
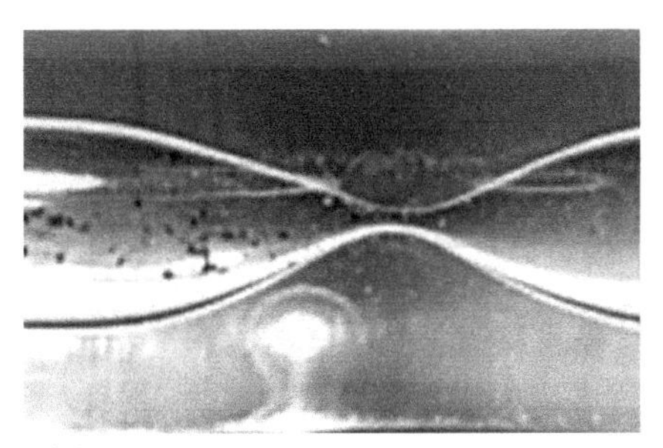

(a)颗粒进入孔喉

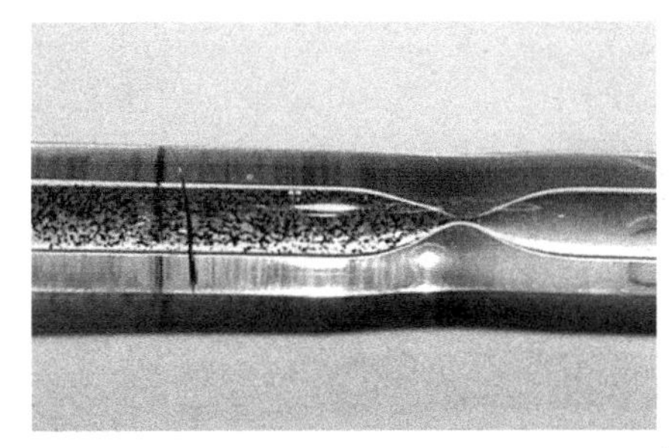
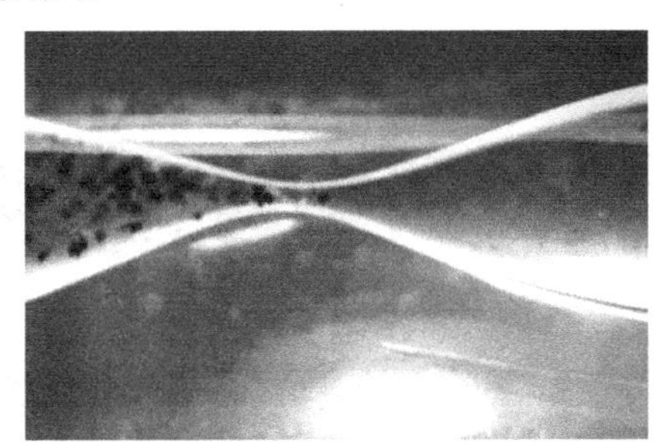

(b)颗粒架桥

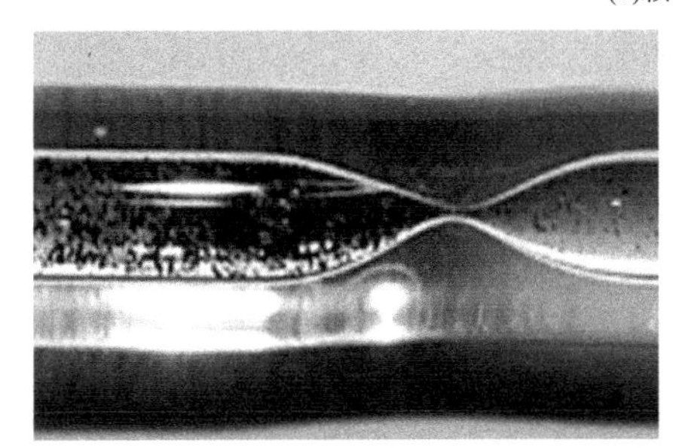
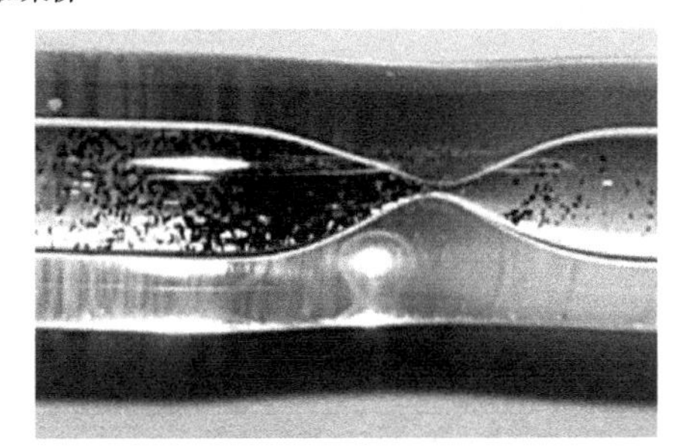

(c)颗粒聚集

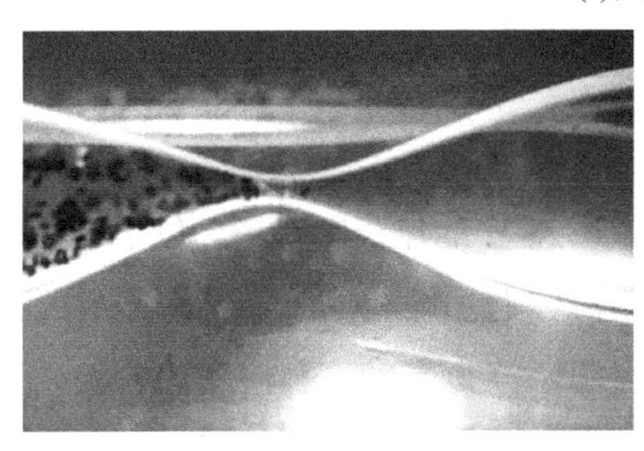

(d)憋压

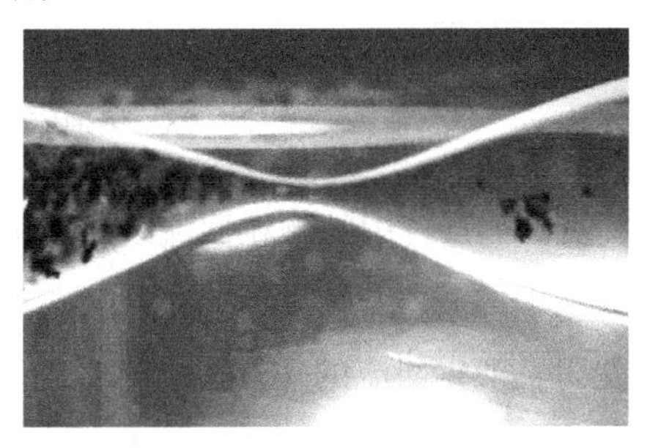

(e)变形通过

图 3-27　颗粒通过多孔介质孔喉过程

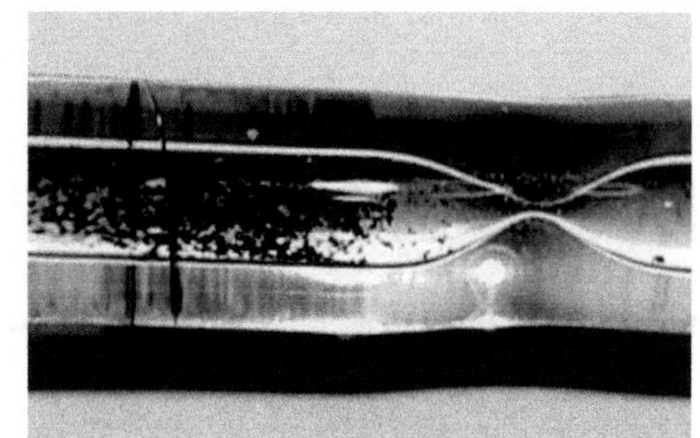
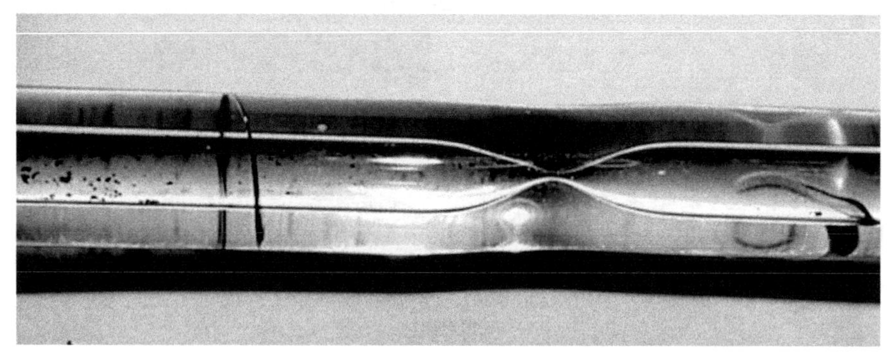

(f)颗粒回流

图 3-27 颗粒通过多孔介质孔喉过程(续)

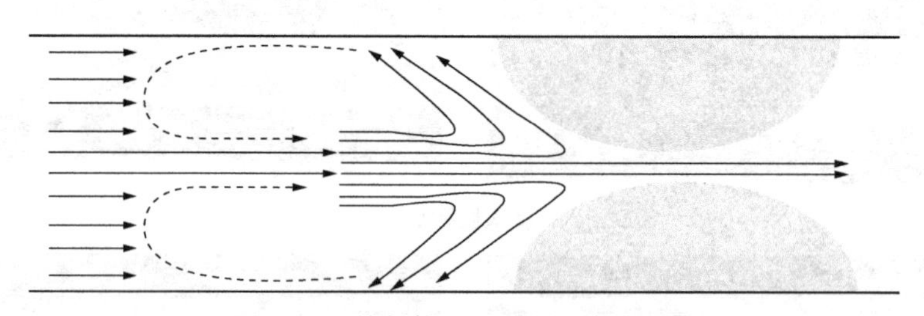

图 3-28 堵剂体系通过变径管流线图

图 3-27(f)中的颗粒回流现象可由图 3-28 中的流线图解释，位于中心的主流线中的液体直接从吼道中通过，两侧流体遇到缩径的吼道面的阻碍，流动受阻，产生回流的作用力，并在流体层间摩擦力带动下，向变径管壁处运动并沿管壁回流。回流的流体与管径中的流体相遇，由于回流阻力比管径中的流体动力弱，回流的流体最终回到主流线中，这个过程形成了一个完整的闭合涡流。由涡流扩散效应，使颗粒朝着浓度降低的方向进行传递，颗粒更加趋于分散，不利于颗粒在孔喉处形成架桥封堵。尤其是在弹性颗粒通过孔

喉的一瞬间，由于处在中心流线的吼道压力的迅速释放，中心流线流体迅速通过吼道，由于颗粒通过吼道前流体作用在吼道壁面的力很大，流体通过受阻，产生的回流作用力大，形成更加严重的涡流，进一步降低颗粒架桥的概率。

流体通过孔喉时的涡流现象不利于颗粒在孔喉处的架桥封堵，可以通过增加分散流体的黏度来降低影响。流体形成涡流，说明雷诺数较大，惯性对流场的影响大于黏滞力，流体流动不稳定。雷诺数公式见式3-9。

$$Re=\rho vL/\mu \tag{3-9}$$

式中 ρ——流体密度；

μ——流体黏度；

v——流体的速度；

L——孔道直径。

根据雷诺数公式，在孔喉中，孔道直径是固定的，因此通过降低流体密度、减小流体流动速度、增大流体黏度都可实现雷诺数减小的目的。在携带颗粒堵剂方面，降低流体密度实现较困难；对于调堵作业来说，大幅降低流体流动速度会影响调剖封堵进度，也会进一步影响采收率等问题。因此通过增加流体黏度是切实可行的方案，流体黏度可通过添加高分子聚合物，如HPAM等，实现大幅度的流体黏度的提高，流体雷诺数变小，涡流影响减小。

（2）颗粒在多孔介质中的运移规律

采用可视有机玻璃管研究了颗粒在多孔介质中的运移规律。选用0.5%的染色PVA凝胶互穿网络聚合体颗粒进行实验。为方便开展实验，可视有机玻璃管填砂模型注入端口填制10~20目石英砂，其余填制20~40目石英砂。注入压力达到2MPa，不同注入速度（0.5~8mL/min）下的颗粒运移形态见图3-29。

由图3-29，注入速度在0.5mL/min和1.0mL/min时，颗粒大部分未进入填砂管，这是由于注入速度小，颗粒运移速度慢，容易沉降，观察注入端，颗粒主要在注入端口聚集。注入速度在2.0mL/min时，颗粒进入填砂管量增加，可以运移至填制的10~20目石英砂与20~40目石英砂交界处，聚集量增多。同时由于注入速度较小，颗粒大部分沉降在注入端口，造成端口封堵，影响后续颗粒运移至填砂管中(图 3-30 所示)。当注入速度在 4.0、8.0mL/min 时，由于速度较快，颗粒在端口沉降少，颗粒大部分都进入填砂管。进入填砂管后，由于填砂颗粒的阻挡，流体运移速度降低，颗粒发生沉降。特别是在填制的两种石英砂交界处，速度影响大，颗粒沉降明显，阻碍后续颗粒继续运移到填砂层深部。

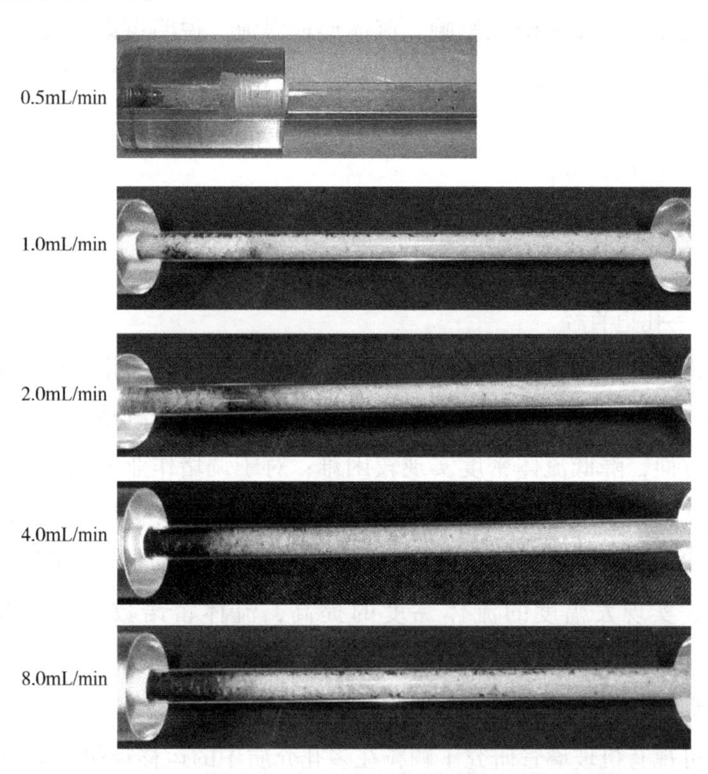

图 3-29　不同注入速度对颗粒运移的影响(清水携带)

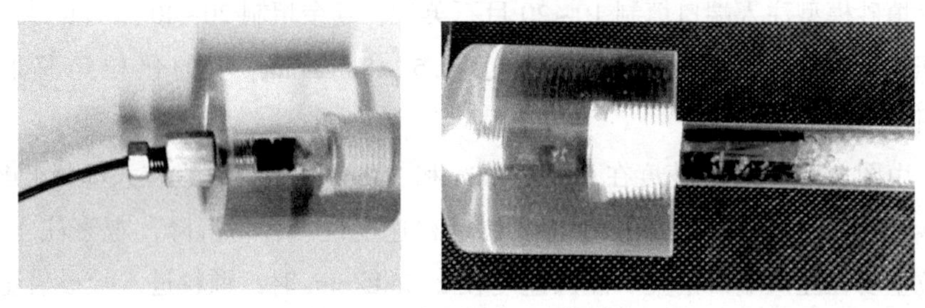

图 3-30　颗粒在端口聚集堵塞

通过图 3-29 对比可以看出，注入速度可以影响颗粒的运移深度。在颗粒与地层匹配封堵的条件下，初始阶段注入速度越大，颗粒运移深度越深；注入速度到达一定值后，受颗粒沉降的影响，注入速度增加对运移深度影响不明显。

颗粒在流体中的沉降速度受重力、浮力以及流体内摩擦力等作用影响，其在静止液体中的沉降速度为式(3-10)[124]。

$$u_t^2=\frac{4}{3}\frac{1}{C_d}\frac{V_s-V}{V}gd \tag{3-10}$$

阻力系数 C_d 为雷诺数式(3-9)的单值函数。

在层流区($Re<1$)时，根据斯托克斯阻力系数[125]，沉降速度表达式[124]为式(3-11)：

$$u_t=\frac{(\rho_s-\rho)gd^2}{18\mu}=\frac{gd^2}{18\nu}\left(\frac{\rho_s-\rho}{\rho}\right) \tag{3-11}$$

过渡区沉降($1<Re<1000$)时的 Allen 给出的阻力系数为式(3-12)[126]：

$$C_d=30\left(\frac{du_t\rho}{\mu}\right)^{-0.625} \tag{3-12}$$

紊流区时沉降阻力系数接近一个常数，$C_d\approx0.45$[124]。

式(3-10)、式(3-11)与式(3-12)中参数分别为：

C_d——阻力系数，无因次；

u_t——沉降速度，m/s；

d——圆球形固体颗粒直径，m；

V_s——固体颗粒的重度，N/m^3；

V——液体的重度 N/m^3；

g——重力加速度，m/s^2；

ρ_s——固体颗粒密度，kg/m^3；

ρ——流体密度，kg/m^3；

ν——流体运动黏度，m^2/s；

μ——流体动力黏度，mPa · s。

颗粒随着流体在地层中运移时，流体流动速度较慢，特别是地层深部渗流，很难到达紊流区。因此，由式(3-10)与式(3-11)，在堵剂体系固定的情况下，颗粒在流体中的沉降速度取决于雷诺数 Re。提高流体流动速度或者改变流体黏度可以减低颗粒沉降，在施工条件一定的情况下，改变携带流体的黏度最切实可行。

为进一步确定流体黏度对颗粒运移的影响，采用10~20目石英砂填制可视有机玻璃管，分别用清水和500mg/L聚合物(HPAM)携带颗粒在2mL/min速度下注入，观察结果见图3-31。

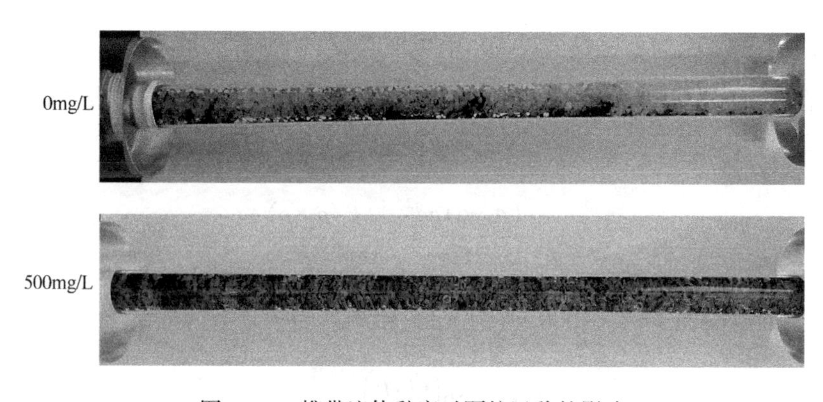

图3-31 携带流体黏度对颗粒运移的影响

由图3-31对比可知，清水携带的堵剂颗粒虽然可以在大孔道中运移，但是由于颗粒沉降，颗粒基本聚集在填砂的下层，运移距离越远，沉降效应越明显。而500mg/L聚合物作为携带流体，颗粒可以在多孔介质中均匀运移。因此，携带流体黏度增加有利于颗粒在多孔介质的有效运移。

图3-32为500mg/L聚合物作为携带流体，不同注入速度下注入压力达到2MPa时的颗粒运移情况。从图中可以看出，注入速度越大，颗粒在多孔介质中的运移距离越远。对比图3-29，改变携带流体黏度可以明显提供颗粒在多孔介质中的运移距离，更有利于进行深部封堵。

不同聚合物浓度、不同注入速度下，颗粒运移深度(模型管最长为28.0cm)及达到注入压力2.0MPa时的注入量实验结果见图3-33。

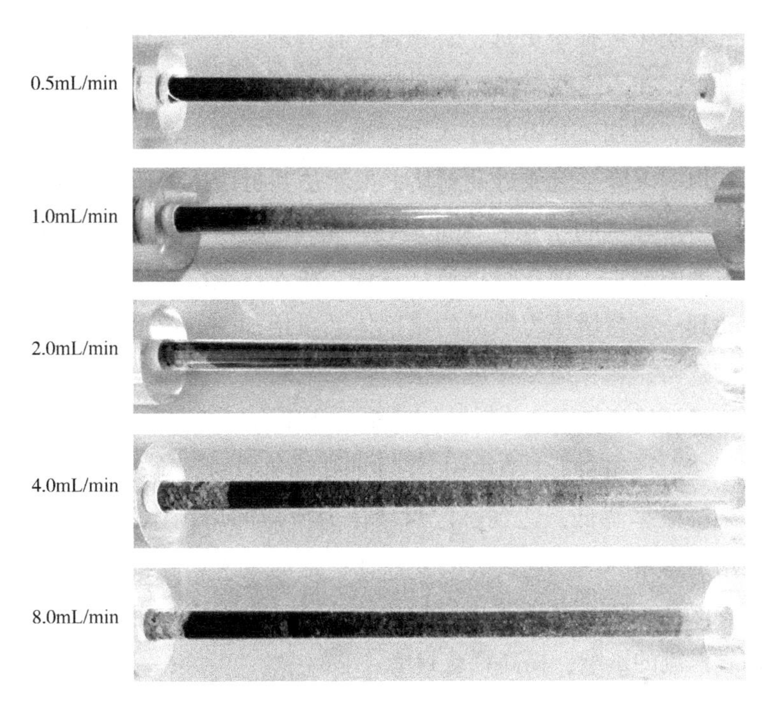

图 3-32 不同注入速度对颗粒运移的影响(500mg/LHPAM 携带)

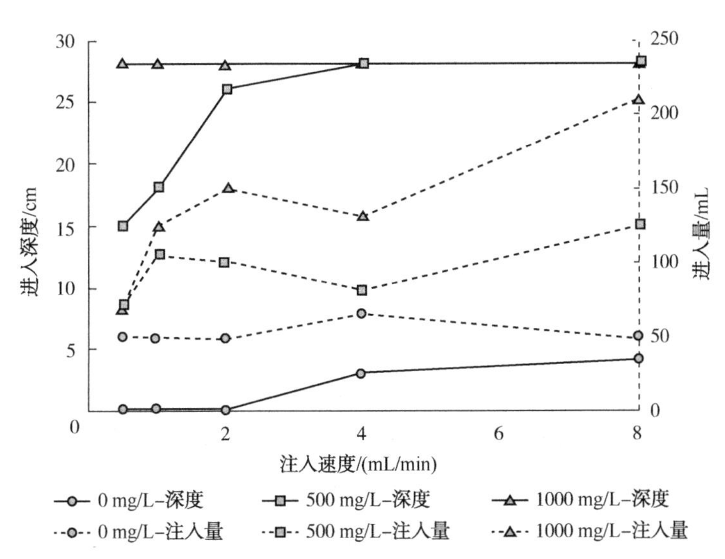

图 3-33 不同携带液不同注入速度下的颗粒运移统计曲线

由图 3-33 可知，在实验范围内，注入速度对颗粒运移与封堵的影响有两个方面：一个方面，注入速度越大，颗粒沉降慢，可以更好地通过孔喉，使颗粒在多孔介质中运移得更远，对颗粒运移有利。另一方面，在携带液有一定黏度条件下，注入速度增加，达到封堵压力所需要的堵剂体系注入量先增加再降低随后又增加，并不是注入速度越大越好。初始注入速度低，颗粒容易在注入端周围沉降，造成近井封堵，虽然达到封堵压力所需要的堵剂体系注入量少，但是却不利于颗粒深部运移，是现场施工必须克服解决的问题。随着注入速度的增加，颗粒运移速度变快，注入口端沉降量减少，颗粒向深部运移，达到一定封堵压力所需的堵剂体系量增加。继续增加注入速度，颗粒沉降影响减弱，颗粒运移速度加快，颗粒之间相互碰撞的概率增加，在通过孔喉时形成架桥的概率变大，达到一定封堵压力所需要的堵剂体系量减少。注入速度再变大，如3.4.1节中(1)所述的孔喉前端的涡流现象加剧，颗粒趋于分散，架桥概率降低，达到一定封堵压力所需的堵剂体系量增加。因此，对于颗粒堵剂体系的注入速度，既要保证一定的注入速度，提高颗粒在多孔介质的运移深度，防止在近井周围形成堵塞，又要限定一定的注入速度，降低孔喉前端涡流的影响，提高颗粒封堵效率。

在实验范围内，携带液中聚合物的浓度(或者黏度)对颗粒运移与封堵的影响也有两个方面：一个方面是携带液中聚合物浓度越高，流体黏度越大，颗粒悬浮性越好，可以降低颗粒沉降的影响，使颗粒在地层中运移深度更深，有利于颗粒在多孔介质中的有效运移。另一个方面，携带液黏度增加，颗粒运动阻力增大，相互碰撞的概率降低，在孔喉处架桥难度增加，不利于颗粒封堵孔喉，达到一定封堵压力所需要的堵剂体系量增加。同时，携带液黏度的增加，可以降低孔喉前端的涡流现象，增大颗粒在孔喉收缩处架桥的概率，从这一点来说，携带液黏度增加对于封堵架桥是有利的。因此，从数据上来讲，对于携带液的黏度，既要保证颗粒具有一定的悬浮性，提高颗粒在多孔介质的运移深度，又要限定一定黏度，提高颗粒在孔喉处的架桥能力。通常情况下，提高携带液黏度的高分子聚合物在多孔介质中流动时都容易被剪切稀释，导致黏度降低，同时地层水等也会稀释携带液黏度，因此对于携带液黏度的选择，要考虑流体的剪切与稀释作用。

3.4.2　颗粒在裂缝中的运移规律

相对于多孔介质孔喉，裂缝宽度大，裂缝纵向展布时，颗粒在裂缝中的运移受重力影响大，容易发生沉降。图 3-34 为颗粒在裂缝中运移的沉降过程。随着运移时间增加，颗粒沉降在裂缝底部的颗粒越多[图 3-34(a)、(b)、(c)与(d)]。当流体流速降低时，颗粒沉降更明显[图 3-34(e)、(f)]。

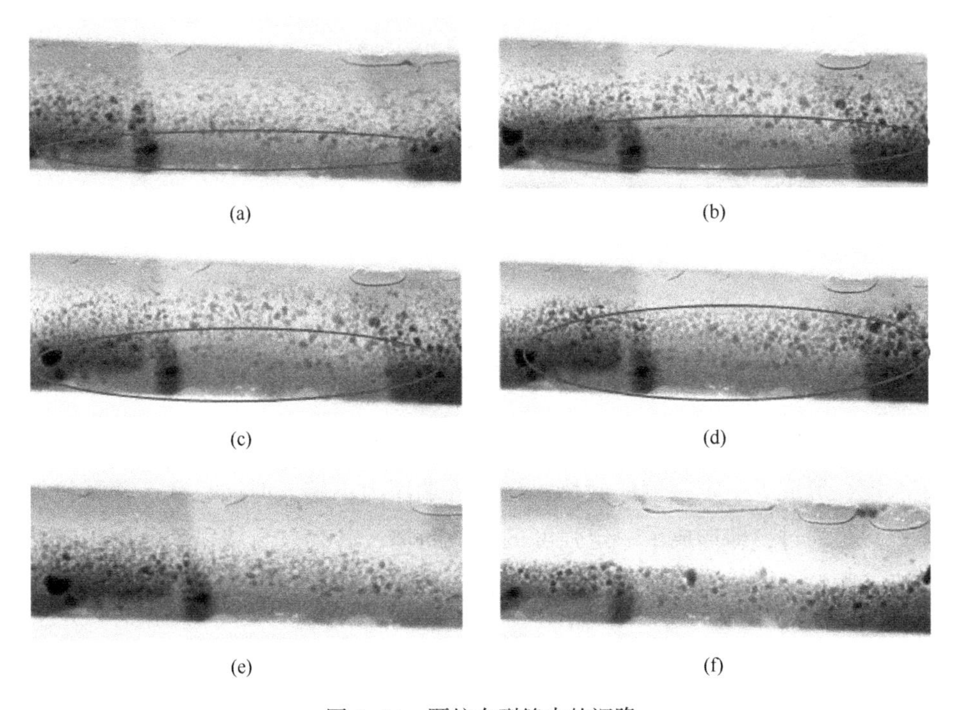
(a)　(b)
(c)　(d)
(e)　(f)

图 3-34　颗粒在裂缝中的沉降

颗粒在裂缝中的沉降行为，不利于颗粒在裂缝中的深部运移，但是有利于颗粒在裂缝中的卡堵封堵。采用 500mg/L 的 HPAM 作为互穿网络聚合体颗粒的携带液，在颗粒卡堵匹配粒径下注入裂缝，观察颗粒在裂缝中的运移过程，见图 3-35。

图 3-35(a)为颗粒在裂缝中的运移过程，包括 5 中状态。图 3-35(a)①为颗粒进入裂缝中悬浮运移；图 3-35(a)②为颗粒在裂缝中沉降聚集；图 3-35(a)③为颗粒在裂缝中的卡堵架桥行为；图 3-35(a)④为颗粒在裂缝中卡堵架桥后失稳状态；图 3-35(a)⑤为颗粒沉降聚集与卡堵架桥等作用形成的颗粒充填裂缝过程。以上五种状态在裂缝中随机存在，相互转化。当图 3-35(a)⑤的状态增多，颗粒在裂缝中充填度高的时候，颗粒便在裂缝中形成了具有一定强度的封堵。

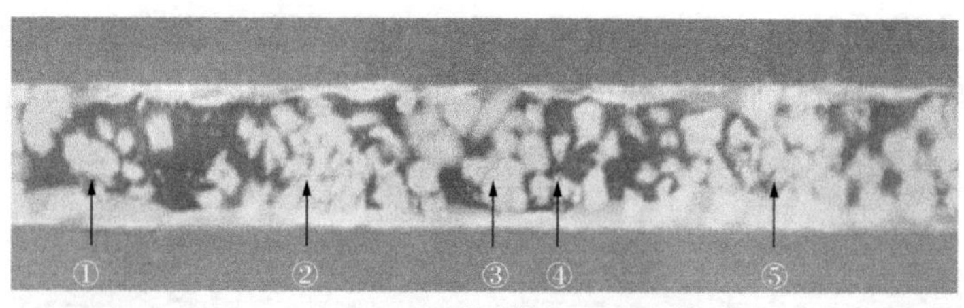

(a)运移形态

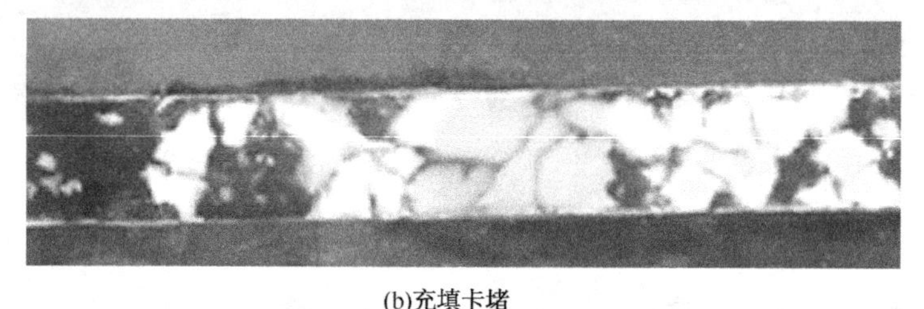

(b)充填卡堵

图 3-35　颗粒在裂缝中运移过程

图 3-35(b)为颗粒沉降聚集与颗粒卡堵在裂缝中，并且在裂缝中充填一定长度，形成了一定强度的封堵，在注入端压力不够大时，后续运移颗粒将难以运移通过，即形成了一定强度的有效封堵，其有效封堵强度取决于颗粒强度、颗粒变形能力以及裂缝壁面特性等因素。在后续 4. 2. 2 章节中将进一步说明。

总之，颗粒在裂缝中的运移是多个状态相互演化的过程，颗粒聚集沉降与颗粒卡堵共同作用是促使颗粒在裂缝中具有一定充填度的基础，而颗粒在裂缝中具有一定充填度是颗粒在裂缝中形成一定强度有效封堵的前提。

3. 5　堵剂颗粒封堵机理

3. 5. 1　颗粒封堵多孔介质孔喉机理

(1) 颗粒卡堵孔喉形态分析

观察颗粒在孔喉中形成的卡堵，有单颗粒变形卡堵孔喉[图 3-36(a)]和多颗粒架桥卡堵孔喉[图 3-36(b)、图 3-36(c)]两种形式。其中，颗粒架桥封堵孔喉位置既有在孔喉处的架桥卡堵[图 3-36(b)]，也有孔喉前端的架桥卡堵[图 3-36(c)]。

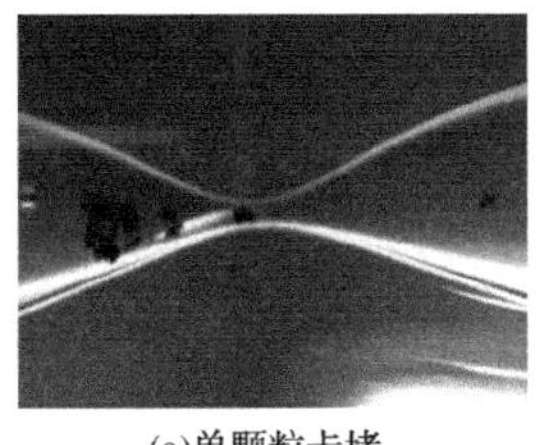

(a)单颗粒卡堵

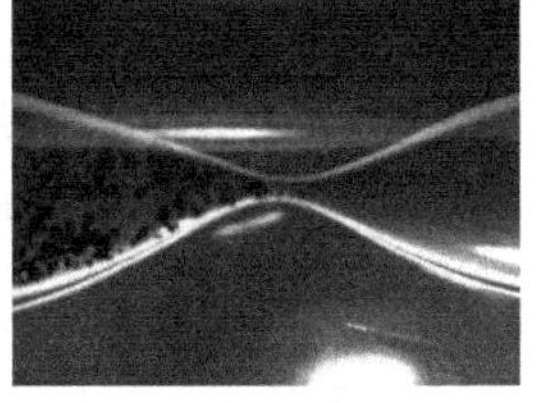

(b)孔喉卡堵

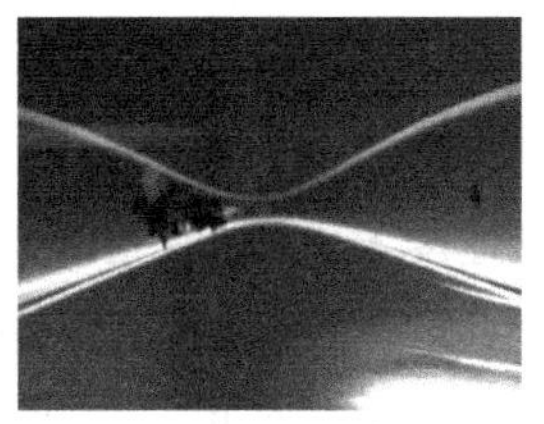

(c)孔喉前卡堵

图 3-36　颗粒在孔喉处形成的卡堵

图 3-36(a)对应颗粒封堵匹配系数≥1.0，为颗粒变形卡堵；图 3-36(b)与(c)对应可以适配封堵的任意颗粒封堵匹配系数，为架桥卡堵。颗粒在孔喉处的卡堵是颗粒对孔喉形成有效封堵的前提。观察变径管孔喉封堵实验发现，单纯由颗粒在孔喉架桥(或者单颗粒变形卡堵)而实现的孔喉封堵不够稳固，在注入端压力增加时，弹性颗粒很容易变形并通过孔喉，如 3.4.1 中(1)所述。进一步观察实验结果发现，颗粒对孔喉形成的有效封堵，大部分是在颗粒架桥卡堵的基础上又进一步在孔喉前端形成了滤饼堵塞，夯实封堵，具体过程如图 3-37 所示。

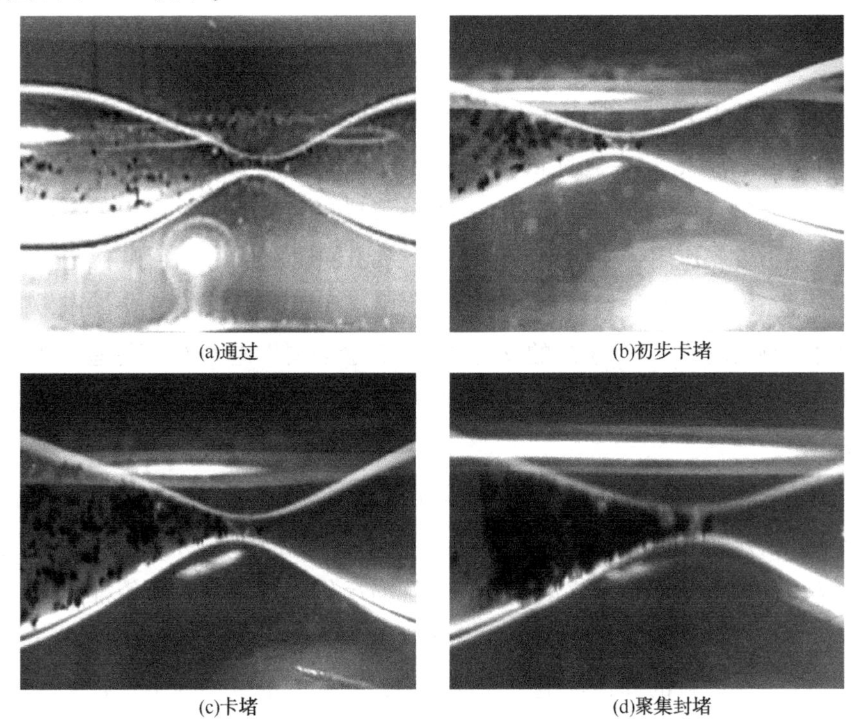

(a)通过　(b)初步卡堵

(c)卡堵　(d)聚集封堵

图 3-37　颗粒形成有效封堵过程

图3-37(a)颗粒通过孔喉；图3-37(b)颗粒通过孔喉时形成架桥卡堵；图3-37(c)为颗粒在孔喉形成架桥卡堵后，孔喉并未被完全堵死，流体通过孔喉速度大大降低，孔喉前端涡流效应减弱，颗粒容易沉降并开始聚集；图3-37(d)颗粒沉降形成孔喉前端的滤饼，随着孔喉前端压力变大，滤饼被压缩，夯实封堵效果，最终形成了对孔喉的有效封堵。

(2) 颗粒封堵孔喉作用力分析

滤饼的形成同时减小了孔喉卡堵处颗粒的作用力，使卡堵颗粒不易变形通过。图3-38为颗粒卡堵与形成封堵滤饼堵塞的受力分析简图。

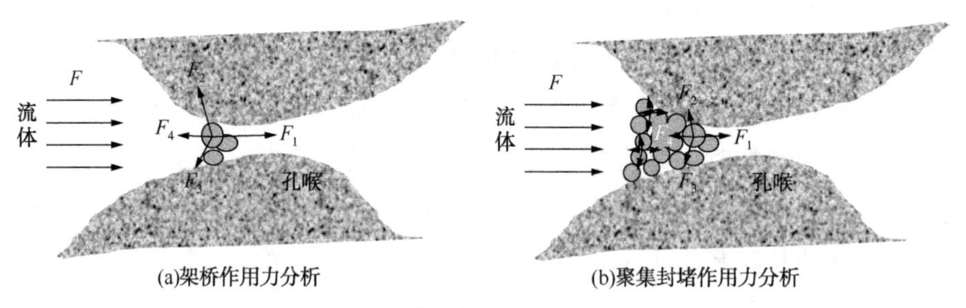

图3-38 颗粒在孔喉处作用力分析

图3-38(a)中，颗粒卡堵后，流体作用力 F 全部作用到颗粒上，形成一个向前推进的力 F_1，同时由于卡堵，颗粒变形相互挤压，受力为 F_2 与 F_3，以及壁面摩擦力 F_4，阻碍颗粒前进。当 F_1 大于 F_2、F_3 与 F_4 的反向轴向力时，颗粒便突破前进。图3-38(b)中，孔喉前形成封堵滤饼，原作用于孔喉颗粒处的作用力首先作用到滤饼最外端颗粒(受力分析同前)，然后颗粒之间通过力链传播至颗粒孔喉处颗粒，在这个过程中，作用力 F_1 没有变化，而传递过程中每个颗粒的 F_2、F_3 与 F_4 的反向轴向力都会削弱推进力 F_1，传递到孔喉颗粒处的推进作用力将大大降低，颗粒难以变形通过，颗粒孔喉处形成了有效封堵。

弹性颗粒变形运移过程作用力变化如图3-39所示。弹性颗粒在孔喉中变形会导致挤压作用力发生矢量位移，由原来的作用力 F_2、F_3 变为 F_2'、F_3'，原来挤压的轴向反作用力逐渐减小，等轴向反作用力变成前进的推力时，弹性颗粒变形通过孔喉。之所以发生力的矢量位移与弹性颗粒弹性形变有关，即取决于弹性颗粒的弹性性能，弹性越小，力的矢量位移越小。如果弹性颗粒被压缩至等效刚性前，力的矢量未发生位移转向，颗粒形成有效封堵孔喉。

因此，单纯颗粒在孔喉处形成有效封堵就需要强度高的弹性颗粒。

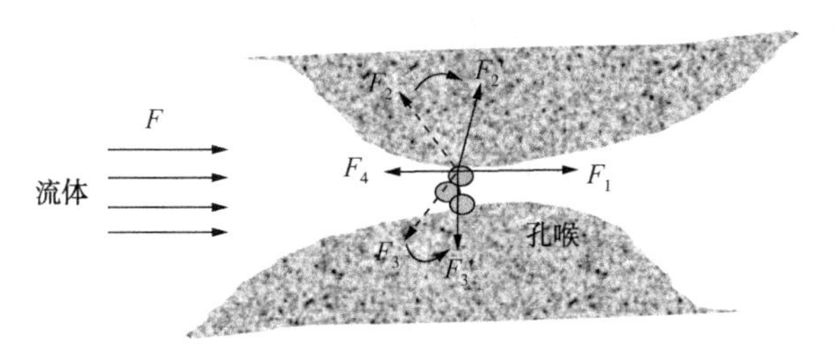

图 3-39 弹性颗粒变形运移过程作用力变化

(3) 互穿网络聚合体颗粒架桥机理分析

颗粒形成架桥是颗粒有效封堵多孔介质孔喉的前提。制备的互穿网络聚合体颗粒在孔喉处形成架桥主要有物理捕集、吸附、颗粒粘连等。

① 物理捕集作用主要包括颗粒与孔喉表面的物理捕集和颗粒与颗粒之间的物理捕集。由于储层孔喉表面凹凸不平，摩擦力大，颗粒接触孔喉表面容易被捕集，并阻碍颗粒继续运移。在孔喉表面同时物理捕集到多个颗粒时，便形成颗粒架桥，封堵孔喉。另外，互穿网络聚合体颗粒也不是规则的球状，具有一定的起伏性与不规则形状，这就促使颗粒碰撞接触时具有相互物理捕集的特性，在多个颗粒相互捕集并处于孔喉处时，便形成颗粒在孔喉的架桥封堵。

② 吸附作用主要是孔喉表面对互穿网络聚合体的吸附以及颗粒与颗粒之间的相互吸附。制备的互穿网络聚合体具有羟基与羧基，可以与孔喉表面形成氢键，吸附在孔喉表面。另外，互穿网络聚合体颗粒与颗粒之间也存在形成氢键的可能性，从而相互吸附聚集。以上吸附作用促进了颗粒在孔喉的架桥作用。

③ 根据 2. 3 节中互穿网络聚合体颗粒黏弹性与抗温性等评价，剪切增强与温度增加都会增加互穿网络聚合体颗粒的损耗模量，即黏性特征增加。互穿网络聚合体颗粒运移到预定地层时，经过多次剪切，且地层温度一般相对较高，因此互穿网络聚合体颗粒的黏性特征增加。由于这一特性，互穿网络聚合体颗粒之间具有一定的粘连性，促进颗粒在孔喉处的架桥作用。

3. 5. 2 颗粒封堵裂缝机理

制备的互穿网络聚合体颗粒在裂缝中形成架桥作用机理与在孔喉中基本

相同，主要有物理捕集、吸附、颗粒粘连等。

在裂缝封堵中，除了颗粒架桥作用，颗粒在裂缝中的沉降聚集堆积也是造成颗粒封堵裂缝的重要形式。颗粒在运移过程中，由于运移速度降低、携带液黏度损失、裂缝壁面吸附捕集等作用，颗粒在裂缝中沉降并不断聚集堆积，慢慢形成裂缝封堵层，如图 3-40 所示。

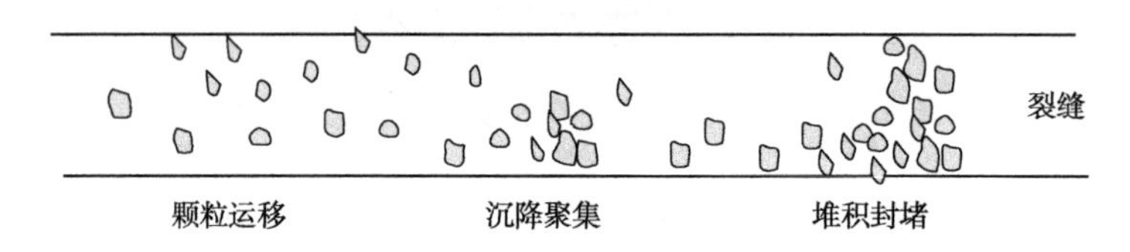

图 3-40　颗粒在裂缝中的运移、聚集、堆积过程

裂缝中不具备孔与喉之间的快速缩径及其孔喉骨架结构，颗粒在裂缝中的封堵容易失稳，不能形成有效封堵。对于制备的互穿网络聚合体颗粒封堵失稳主要有架桥颗粒整体滑移致使摩擦失稳和架桥颗粒压缩变形致使结构失稳两个方面。

(1) 架桥颗粒整体滑移致使摩擦失稳

当裂缝中流体的作用力超过形成封堵的颗粒与裂缝面之间的摩擦力时，封堵层会在裂缝中发生移动，这个过程或者导致与裂缝面接触的颗粒被剪切破碎，或者导致颗粒架桥结构发生变化，逐渐松散破坏，最终导致封堵层解体失效(图 3-41)。

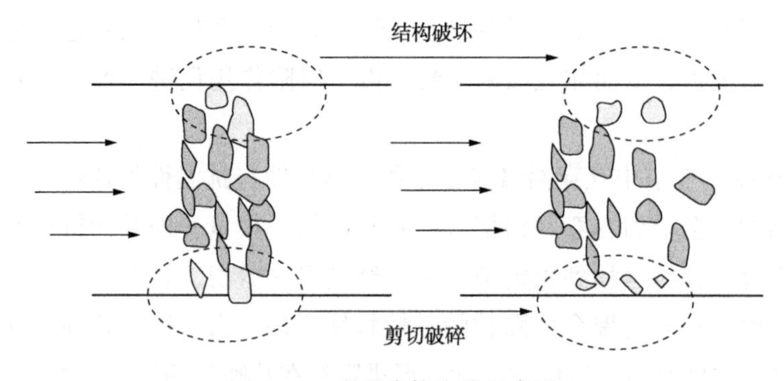

图 3-41　滑移摩擦失稳示意图

(2) 架桥颗粒压缩变形致使结构失稳

在裂缝面与颗粒间摩擦力较大时，流体的作用力增加会使互穿网络聚合

体颗粒压缩变形，而弹性颗粒缺乏像孔喉结构那样的骨架结构的支撑，变形的结构致使原封堵结构发生变化，导致结构失稳(图 3-42)。

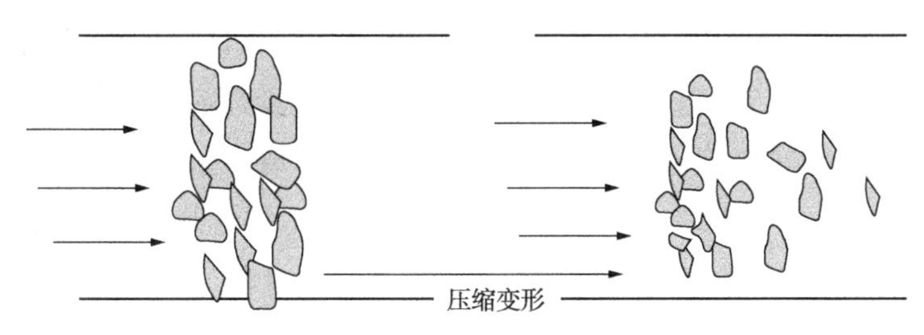

图 3-42 变形结构失稳示意图

因此，如果在裂缝中形成有效的封堵，需要克服滑移结构失稳与变形结构失稳的影响。为进一步明确颗粒有效封堵裂缝的机理，采用裂缝岩心柱模型，不断地泵入互穿网络聚合体颗粒，直至压力升至 10MPa 结束实验，打开裂缝岩心柱模型，观察封堵结果，见图 3-43。

图 3-43 裂缝有效封堵实验结果

(彩图见书后附录)

通过图 3-43 可以看出，裂缝有效封堵时，裂缝内充填密实度高，裂缝充填量大，实验达到 10MPa 封堵强度大约充填 11.0cm，由此说明，实验裂缝有效封堵需要在裂缝中形成良好的堆积与充填。

结合颗粒在裂缝中的运移规律，分析认为颗粒有效封堵裂缝过程为：颗粒通过架桥或者颗粒沉降作用，在裂缝中形成初步封堵，随着颗粒注入量增加，颗粒开始逐渐聚集并堆积，由于此时颗粒堆积较为疏松，颗粒间孔隙大，流体对颗粒的作用力并不是很大，并通过堆积的颗粒，流体中的颗粒被堆积层滞留，裂缝中的颗粒充填量增加。随着裂缝中颗粒充填量的增加，流体通过颗粒充填层的难度增加，作用在颗粒上的作用力变大，颗粒逐渐被压缩至紧密，由于此时颗粒充填度高，具有较好的抗摩擦失稳性，并且高充填度的颗粒充当了类似孔喉中骨架结构的作用，也同时具有良好的抗结构失稳性，颗粒在裂缝中不会失稳。随着颗粒充填度的进一步提高，颗粒受到的作用力逐渐变大，裂缝充填密实度越来越高，最终形成了裂缝的有效封堵。从图 3-43 中也可以看出，出口端颗粒密实度较低，裂缝封堵的中间及入口处颗粒压缩充填的密实度要高，也进一步验证了上述过程。

第4章　互穿网络聚合体堵剂调控机理与方法

明确互穿网络聚合体堵剂封堵作用机制是其实施应用的基础，采用相应调控方法是调堵措施成功的关键。本章阐述了互穿网络聚合体堵剂的封堵调控机理与封堵调控效果，基于互穿网络聚合体颗粒的特性，提出了互穿网络聚合体堵剂的封堵调控方法。可为油田调堵作业提供理论依据，为提高施工的成功率提供技术支撑。

4.1　互穿网络聚合体堵剂调控机理

一般来说，油藏储层都具有一定的非均质性。经过一段时间的开发，油藏非均质性会进一步加剧，低渗区波及系数低，采收率低。堵剂对储层调控实现采收率的提高主要通过调整高渗水窜通道，开启低渗剩余油富集区域。如图4-1所示。图4-1(a)为非均质高渗层发生水窜，低渗剩余油难采出；

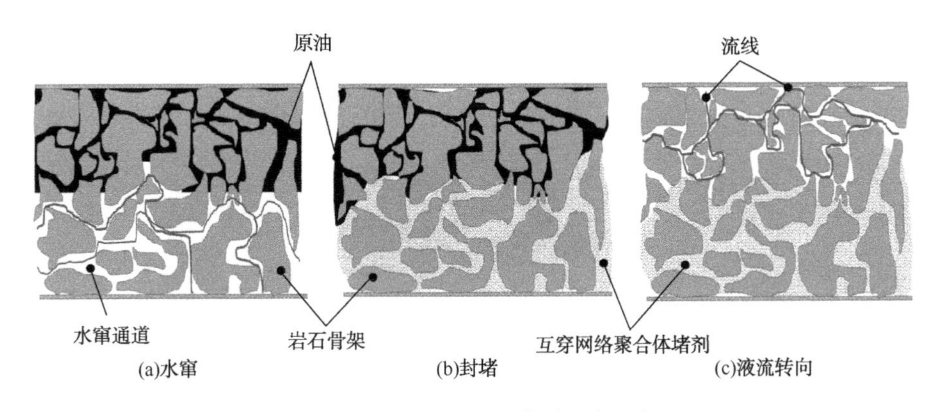

图4-1　堵剂调控储层提高采收率示意图

图 4-1(b)为堵剂进入非均质高渗层进行调控；图 4-1(c)为原非均质高渗层调控后，后续流体发生液流转向，进入原非均质低渗层，驱替出原油，从而实现采收率的提高。

互穿网络聚合体堵剂为颗粒型堵剂，对储层进行有效调控要能够“进得去，堵得住”，且对低渗高含剩余油区伤害小。基于制备的 PVA 凝胶互穿网络聚合体堵剂、颗粒与储层的封堵匹配关系研究结果，针对多孔介质与裂缝储层，进行了调控效果与调控机制研究。

4.1.1 实验方法

(1) 模拟非均质性储层驱替实验

用石英砂填制填砂管，模拟非均质地层进行实验。模拟的非均质地层分为双管并联非均质与单管同层非均质。双管并联非均质模拟是采用两根填砂管，每个填砂管中分别填制不同粒径的石英砂，填制后一根填砂管为高渗透率，另一根填砂管为低渗透率。同层非均质模拟是在同一个填砂管中填制不同粒径的石英砂，两种石英砂分别填制一定的固定区域，模拟层中间间隔。具体方法为：取 $\phi2.5$ 填砂管与 $\phi1.5$ 空心管(长度略长)，将 $\phi1.5$ 空心管放入 $\phi2.5$ 填砂管中。向空心管外侧的填砂管中充填细砂，向空心管中充填粗砂。充填结束后，将空心管缓慢拔出。再充填部分石英砂保证填砂管充填密实。填制方法见图 4-2。

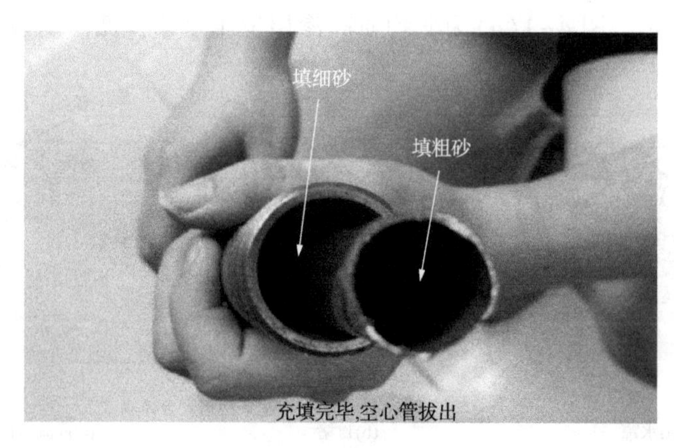

图 4-2　同层非均质模拟层填制

填制好模拟填砂管储层后进行堵剂调控效果评价，实验装置见图 4-3。实验主要步骤为：①填制填砂管模拟储层；②填砂管饱和水；③填砂管饱和地层油；④水驱油至含水率 98%；⑥注入 0.5%互穿网络聚合体颗粒堵剂体系 1.0PV；⑥后续水驱至含水率 98.0%，计算采收率。

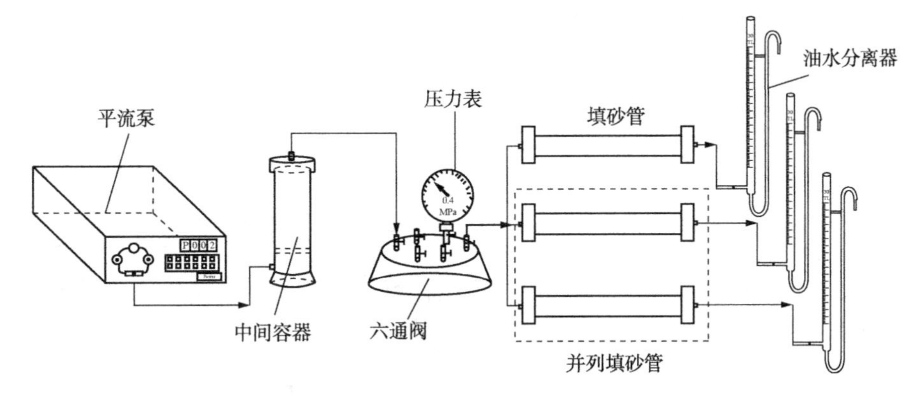

图 4-3　非均质性并联管驱替实验

互穿网络聚合体堵剂对于并联裂缝调控效果评价，采用岩心柱裂缝模型进行。岩心柱裂缝为平行缝，裂缝开度分别为 0.2mm、1.0mm，裂缝宽为 20.0mm，裂缝长为 300.0mm，平行缝裂缝模型设计与加工图见图 4-4。

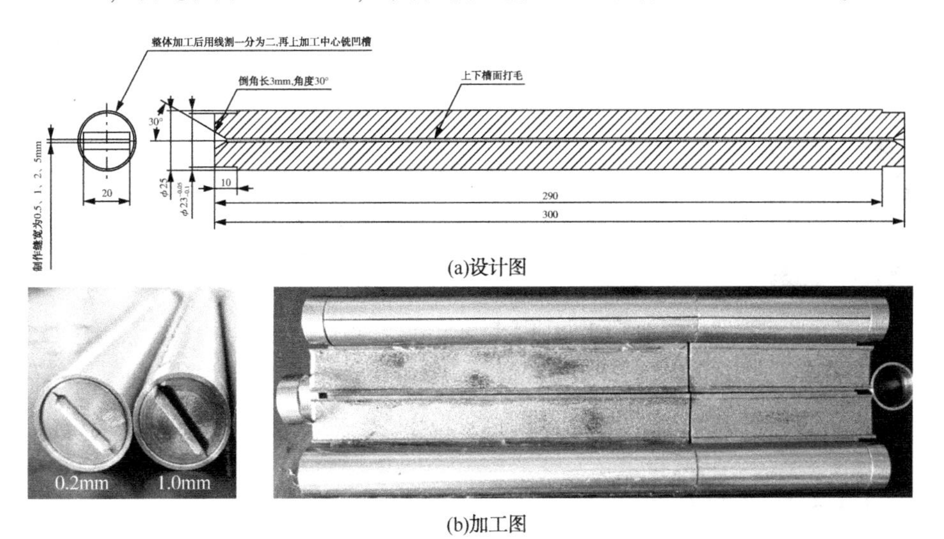

图 4-4　等开度平行缝裂缝模型

(2) 微观结构 CT 扫描

采用 Zeiss 公司 MicroXCT-400 型 CT 机扫描岩心微观结构。设备空间分辨率为 16bit CCD，视域像素为 20482，射线焦点尺寸 5μm。CT 扫描工作过程(图 4-5)如下：将样品固定好后，开启 X 射线源，由射线源发出的射线穿过样品，该过程中 X 射线强度衰减，衰减后的 X 射线照射到探测器上，该信号被图像获取软件自动捕获并存储。之后，通过控制样品夹持器将样品精确旋转一定角度，重新扫描并记录衰减后的 X 射线，将样品累计旋转 360°后结束实验过程。

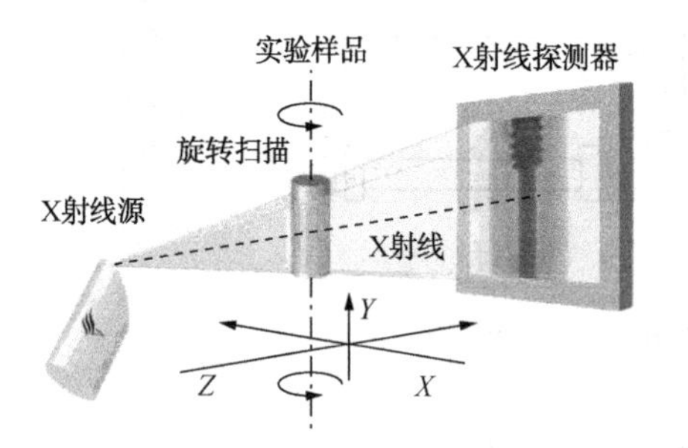

图 4-5 CT 扫描工作过程

CT 扫描及驱替实验在恒温 25℃ 条件完成。实验用岩样尺寸为直径 0.95cm，长约 2.5cm。CT 扫描结果经提取表征单元体—滤波处理—二值分割得到岩心微观结构，图 4-6。

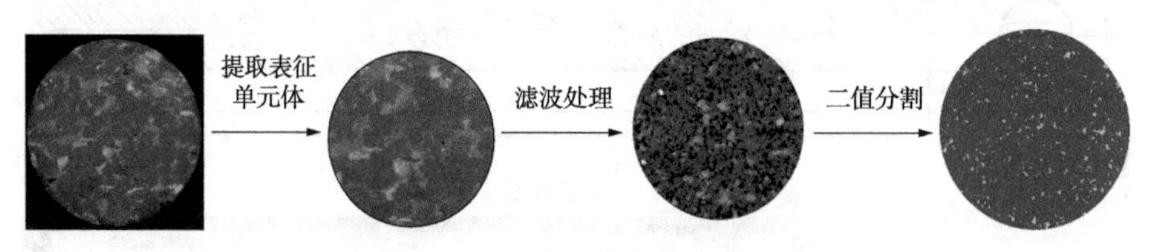

图 4-6 CT 扫描结果处理过程

4.1.2 多孔介质调控机理

4.1.2.1 调控效果

(1) 双管并联非均质调控效果

采用石英砂填制高、低渗透率两根填砂管，双管并联开展非均质调控效果评价，与携带液作为对比，封堵调控结果见表 4-1。

表 4-1　双管并联非均质储层调控实验结果

体　　系	渗透率/ μm^2	孔隙度/ %	调控前采收率/ %	调控后采收率/ %	提高采收率/ %
500mg/L HPAM	1. 3	29. 6	45. 4	50. 1	4. 7
	0. 4	28. 3	38. 1	47. 9	9. 8
500mg/L HPAM+0. 5% 互穿网络聚合体颗粒	1. 1	28. 9	48. 9	52. 4	3. 5
	0. 5	28. 4	25. 0	62. 7	37. 7

由表 4-1 对比结果可以看出，对于非均质储层，互穿网络聚合体堵剂可以有效地封堵相对高渗层，从而使后续流体发生液流转向，更多的进入相对低渗层，提高低渗层的采收率。互穿网络聚合体堵剂对非均质多孔介质储层的封堵调控效果良好，综合采收率为 41. 2%，比未采用互穿网络聚合体堵剂的体系(综合采收率为 14. 5%)提高采收率综合值 26. 7%。

(2) 单管同层非均质调控效果

采用石英砂填制同层非均质填砂管，开展同层非均质调控效果评价，封堵调控结果见表 4-2。因填砂管为同层，无法分别测量单独的渗透率，表中高渗层与低渗层渗透率值为根据填砂管填制经验得到的估量值。

由表 4-2 可知，经互穿网络聚合体堵剂体系调控后，在水驱采收的基础上可以提高综合提高采收率 17. 0%，调控提高采收率效果良好。说明互穿网络聚合体堵剂体系对同层中的高渗层进行了有效的封堵，从而使液流转向提高低渗层的采收率。

表 4-2　单管同层非均质储层调控实验结果

填砂管		渗透率/μm^2	孔隙度/%	调控前采收率/%	调控后采收率/%	提高采收率/%
同层	高渗	1~3	33. 1	52. 8	69. 8	17. 0
	低渗	0. 1~1				

4. 1. 2. 2　调控机制

通过 CT 扫描技术，对互穿网络聚合体堵剂封堵前后的孔隙结构、孔隙剩余油变化情况进行了研究。实验采用双管并联天然岩心，天然岩心取自胜利油田海洋采油厂某区块，气测渗透率分别为 $183.5\times10^{-3}\mu m^2$ 和 $20.1\times10^{-3}\mu m^2$，渗透率级差为 9. 1。分别扫描岩心同一个位置的初始状态、注入堵剂体系结束、运移膨胀结束三个阶段的孔隙结构。高渗与低渗岩心孔隙结构扫描二维灰度切片与处理结果分别见图 4-7、图 4-8。

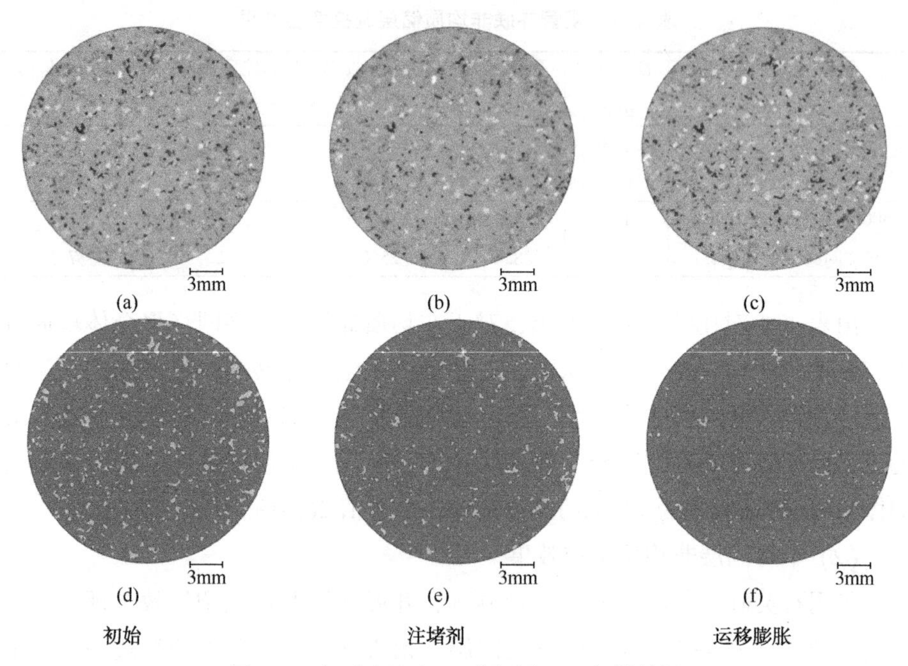

图 4-7　相对高渗岩心不同阶段 CT 扫描结果

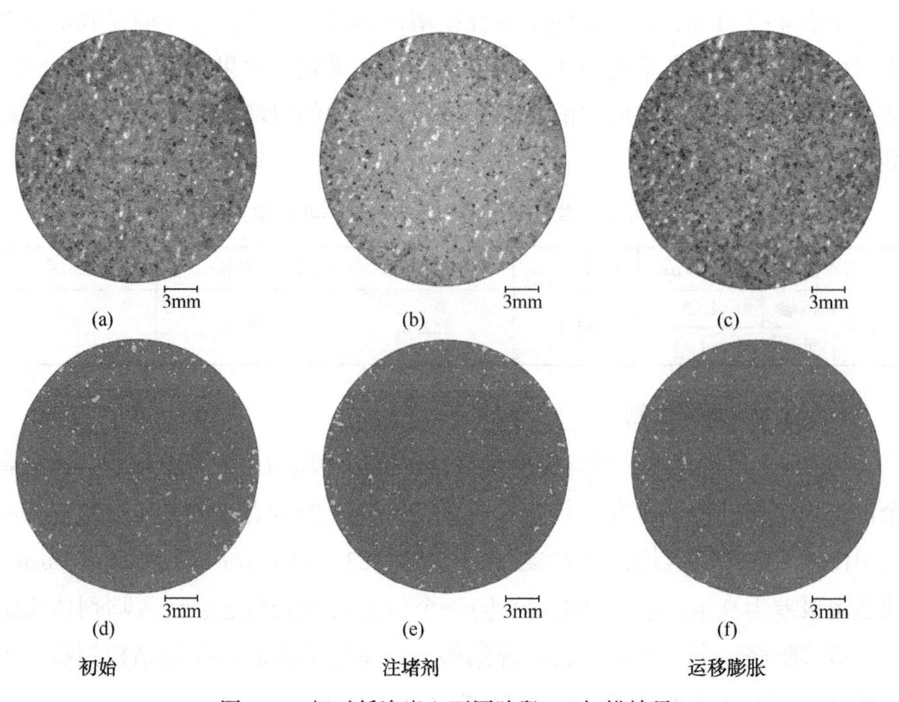

图 4-8　相对低渗岩心不同阶段 CT 扫描结果

由图 4-7 岩心切片扫描结果可以看出，相对高渗的岩心初始时孔隙分布多，且分布范围广[图 4-7(a)与(d)]。注入堵剂体系后，岩心孔隙结构减少，但仍有大孔隙，说明互穿网络聚合体堵剂颗粒体系注入后，虽然充填了部分孔隙，但仍有部分孔隙空置[图 4-7(b)与(e)]，这就保证了堵剂颗粒在多孔介质中的运移空间。颗粒堵剂体系吸水膨胀运移后，大的孔隙结构大部分消失，剩余孔隙大部分为小孔隙结构[图 4-7(c)与(f)]，这说明互穿网络聚合体堵剂颗粒经过吸水膨胀后能够很好地封堵大孔隙结构。

由图 4-8 岩心切片扫描结果可以看出，相对低渗的岩心初始时孔隙分布广，但孔隙数量较少，且大部分为小孔隙结构[图 4-8(a)与(d)]。注入堵剂体系后，岩心孔隙结构有所减少，但变化不大主要为少量的大孔隙结构消失，大部分孔隙结构没有发生变化[图 4-8(b)与(e)]，这说明注入堵剂体系过程中，进入该岩心的堵剂量非常少，对低渗岩心孔隙伤害较小。颗粒堵剂体系吸水膨胀运移后，孔隙结构基本未发生变化，仅有极少量的孔隙结构消失[图 4-8(c)与(f)]，这说明互穿网络聚合体堵剂颗粒基本没有进一步伤害该岩心的孔隙结构。

对比图 4-7 与图 4-8 可以看出，互穿网络聚合体主要进入高渗透岩心，并形成了有效封堵，基本未对低渗透岩心孔隙结构造成伤害，保证了后续流体对低渗透岩心的提高采收率效果。

对实验的高、低渗透率岩心封堵前后(封堵后为吸水膨胀后最后状态)的孔隙大小及分析进行统计，结果见图 4-9 与图 4-10。

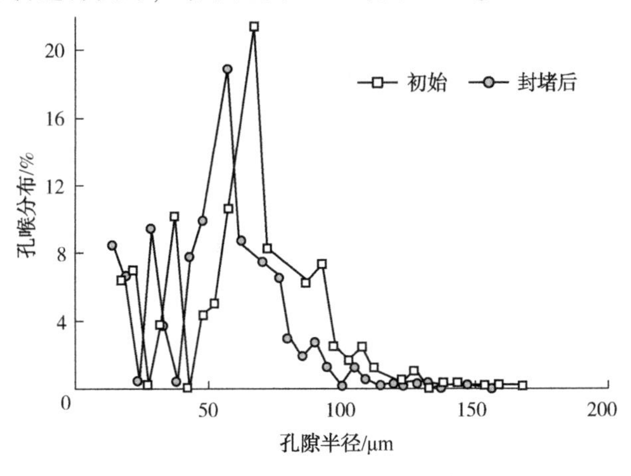

图 4-9 相对高渗岩心封堵前后孔隙分布变化

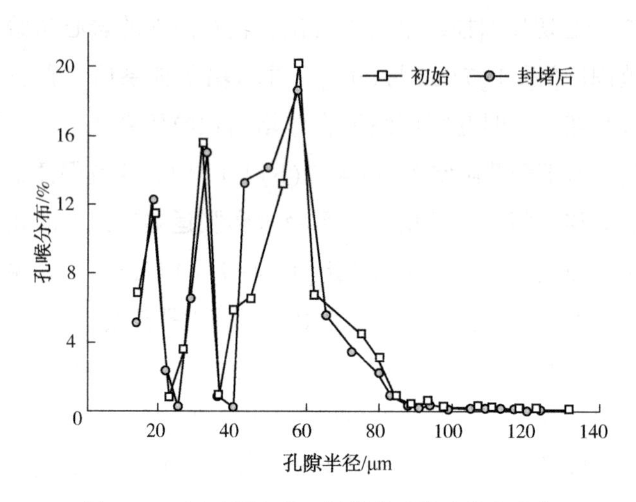

图 4-10　相对低渗岩心封堵前后孔隙分布变化

由图 4-9 可以看出，相对于封堵前孔隙尺寸分布，封堵后孔隙分布曲线整体向左移动，说明封堵后孔隙尺寸整体变小。大尺寸孔隙尺寸分布曲线段整体下移，说明大尺寸孔隙结构占比减小，封堵后主要剩余为小孔隙。图 4-10 显示，封堵前后曲线整体变化不大，说明封堵后孔隙结构变化不大。

对相对低渗岩心封堵前后的剩余油分布进行 CT 扫描，扫描结果见图 4-11。图中亮色为水，黑色为原油，灰色为岩石骨架。

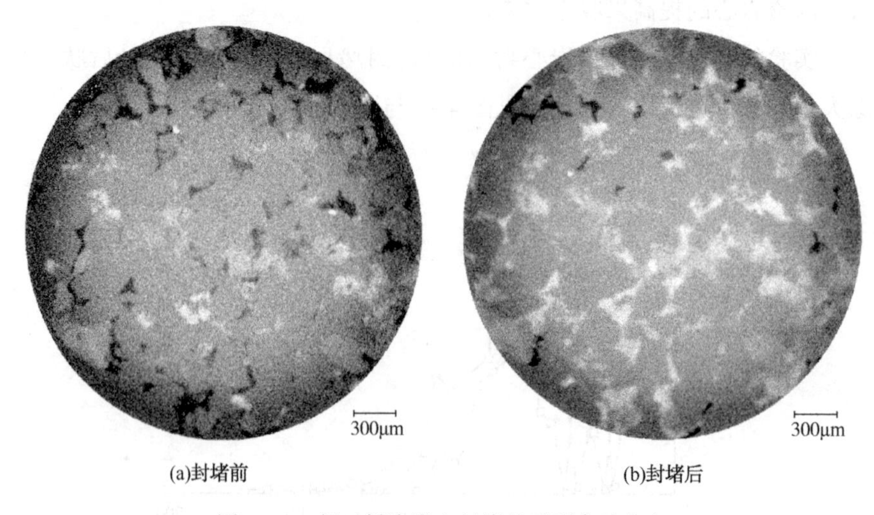

图 4-11　相对低渗岩心封堵前后剩余油分布

图 4-11(a)为水驱采收率到无油相采出时的状态，从图中可以看出，孔隙中剩余油含量高，仅有部分原油被采出。图 4-11(b)为并联岩心用互穿网络聚合体封堵后继续水驱至无原油采出时的状态，从图中可以看出，孔隙中剩余油含量低，大部分原油已被采出。通过对比，进一步验证了经过互穿网络聚合体堵剂封堵后，液流转向至低渗岩心中，并将原油采出提高采收率的过程。

通过对互穿网络聚合体封堵并联岩心实验，结果认为，吸水膨胀型弹性颗粒调控多孔介质过程为适配颗粒进入相对高渗储层—颗粒在多孔介质中运移—运移过程中逐渐吸水膨胀—膨胀至封堵匹配粒径开始形成架桥封堵孔喉—进一步膨胀夯实封堵孔喉强度—后续液流转向。

4.1.3　裂缝调控机理

不同开度平行裂缝型并联，开展非均质裂缝调控效果评价，实验温度为室温，原油黏度为 67.0mPa·s，封堵调控结果见图 4-12。

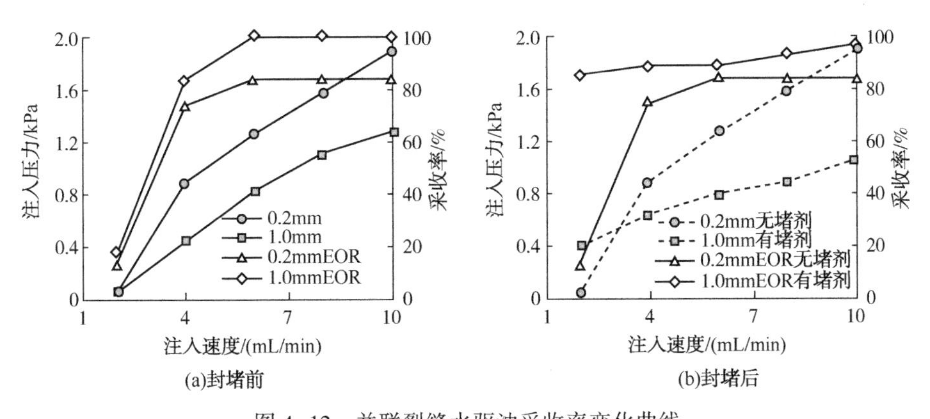

图 4-12　并联裂缝水驱油采收率变化曲线

图 4-12(a)为并联裂缝时水驱油时的采收率曲线，图 4-12(b)为注入互穿网络聚合体堵剂体系前后采收率曲线对比。从图 4-12(a)可以看出，并联裂缝中，开度大的裂缝中原油首先被驱替，并且采收率接近 100%，而此时开度小的裂缝中的采收率大约为 80%，并且由于大开度裂缝已经水窜，小开度裂缝中的原油采收率不再增加。

从图 4-12(b)注入互穿网络聚合体堵剂体系前后采收率曲线对比可以看

出，注入堵剂颗粒堵剂体系后，小开度裂缝中的采收率增加，最终采收率接近100%，说明大开度裂缝被互穿网络聚合体堵剂体系进行了封堵，实现了液流调整(图4-13)。

图4-13(a)为堵剂体系注入前并联裂缝液流分布，大开度裂缝中分流量多。图4-13(b)为堵剂体系注入后并联裂缝液流分布，小开度裂缝中分流量多。

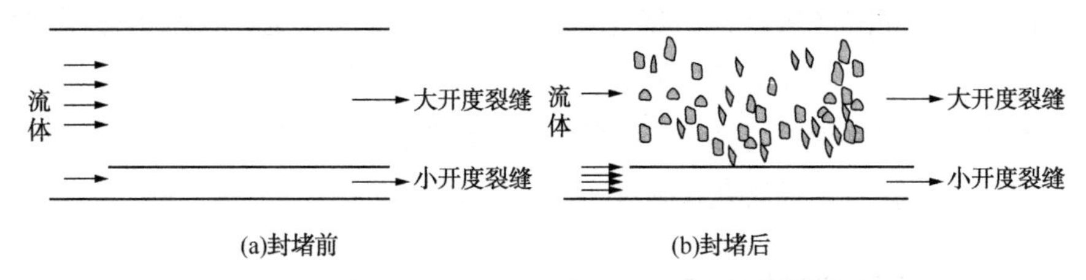

图4-13　并联裂缝注入堵剂体系前后液流调整示意图

对并联裂缝注入互穿网络聚合体颗粒堵剂前后的出液分流量进行了测试，并联裂缝液流调整结果见图4-14。

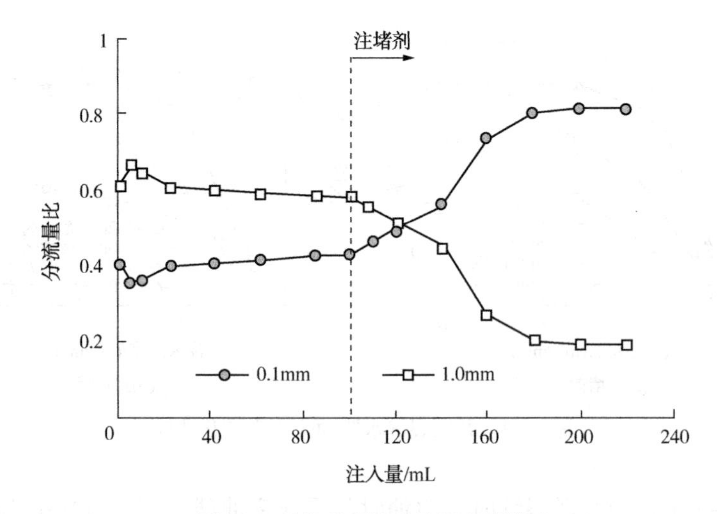

图4-14　并联裂缝液流调整曲线

通过图4-14可以看出，注入堵剂后，进入并联裂缝的分流量开始发生变化，原来大开度裂缝中的流体分流量逐渐减小，小开度裂缝分流量增加，随着堵剂注入量的增加，分流量发生反转，并最终趋于一个稳定的分流量值。分流量稳定时，大开度裂缝分流量并不是0，说明堵剂注入后，大开度裂缝并未被完全堵死。由3.4与3.5节中分析，裂缝实现有效封堵需要一定的堆积量与充填度，并且需要流体作用力的挤压。本实验中模型可实现一定的充填度，但是由于是并联裂缝，大开度裂缝卡堵后，流体就会分流调整，流体作用力高，大开度裂缝中颗粒卡堵结构较为疏松，仍然具有较好的渗流能力，最终分流量结果不为零。

4.2　互穿网络聚合体堵剂封堵调控方法

4.2.1　孔喉封堵调控方法

(1) 孔喉调控渗透率级差

渗透率级差大小决定了非均质储层中高低渗层的孔喉大小，从而影响封堵匹配颗粒粒径的选取。渗透率级差越小，颗粒类堵剂越容易进入相对低渗层的孔喉，影响封堵调控效果。固定相对高渗层填砂粒径(10~20目)，改变低渗层填砂粒径(20~100目)，填制不同渗透率级差的并联填砂管，采用相同粒径的适配高渗层封堵的互穿网络聚合体堵剂颗粒(中值粒径180μm)进行封堵调控。不同渗透率级差下水驱采收率与封堵调控后采收率结果对比见图4-15。

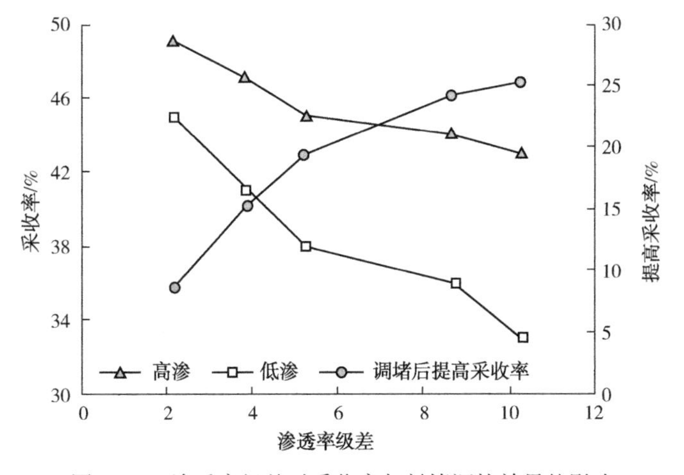

图4-15　渗透率级差对采收率与封堵调控效果的影响

由图 4-15 可知，渗透率级差越大，对低渗层采收率影响越大，采收率越低。同时，渗透率级差越大，封堵调控后提高采收率效果越明显。在渗透率级差 5 以内时，渗透率级差越大提高采收率幅度增加明显；在渗透率级差超过 5 后，提高采收率增加幅度减缓。这是由于随着渗透率级差变大，互穿网络聚合体颗粒堵剂进入相对低渗层的量越少，对低渗层的伤害与影响减小，更多的进入高渗层，并对高渗层形成良好封堵，因此渗透率级差越大，封堵调控效果越好。在渗透率级差达到一定数值后，由于粒径匹配关系，颗粒几乎不再进入低渗层，并且高渗层封堵效果良好，提高采收率幅度主要取决于低渗层的储层结构，在室内实验固定高渗透层时，渗透率级差越大，低渗层渗透率越低，采收率也会降低，随着渗透率级差继续增大，提高采收率幅度减缓。因此，互穿网络聚合体对孔喉的封堵调控要保证渗透率级差>5。

根据 3. 2. 3 节互穿网络聚合体堵剂颗粒粒径与地层孔喉封堵匹配关系研究结果，封堵匹配系数为 0. 21～1. 10。为保证颗粒只进入高渗层而不进入低渗层，就要求封堵匹配颗粒粒径与高渗层匹配与低渗层不匹配，即高渗层的最小封堵匹配粒径与低渗层的最大封堵匹配粒径不相交，这就要求高渗层孔喉与低渗层孔喉比>5。根据表 3-1 与表 3-2，孔喉直径与渗透率关系见图 4-16。由图 4-16 可知，在实验范围内，孔喉直径与渗透率呈线性关系，因此高渗层孔喉与低渗层孔喉比>5，对应高渗层渗透率与低渗层渗透率比>5，与渗透率级差对封堵调控效果影响的实验结果一致。

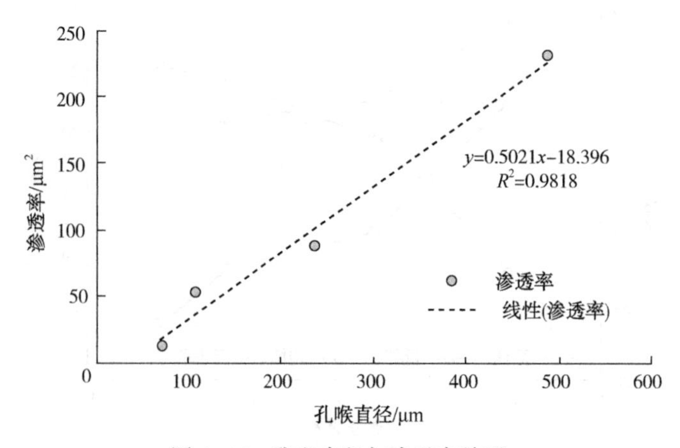

图 4-16　孔喉直径与渗透率关系

(2) 封堵调控半径

为实现孔喉的有效封堵，采用填砂管测试不同封堵半径下的封堵率。实验采用40~60目石英砂填制50cm模拟地层，采用120~150μm粒径，1.0%的互穿网络聚合体颗粒堵剂进行封堵，实验结果见图4-17。封堵率随着封堵半径增加而增加，当封堵半径超过0.3m后，封堵率增加缓慢，封堵半径达到0.5m以上时，封堵率达到99%，对孔喉封堵效果良好。因此，采用互穿网络聚合体堵剂颗粒封堵储层时的封堵调控半径应当≥0.5m。

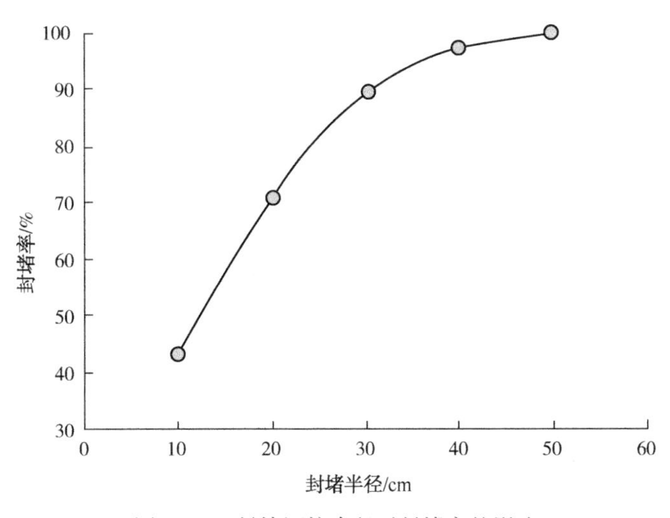

图4-17 封堵调控半径对封堵率的影响

(3) 封堵调控计算方法

由于地层冲刷，地层目标层位渗透率与近井渗透率并不一致，而是越往地层深部渗透率相对越小。而且颗粒运移时间、吸水膨胀倍数等都与封堵匹配结果相关。基于制备的互穿网络聚合体颗粒的特性，提出了针对孔喉封堵调控的计算方法。

根据地质资料与开发历史，离井不同距离 L 的地层渗透率具有一定关系[127~129]，此处记为式(4-1)：

$$K=f(L) \tag{4-1}$$

L 处地层渗透率对应孔喉尺寸与渗透率存在一定关系[130~132]，记为式(4-2)：

$$R=f(K) \tag{4-2}$$

颗粒在地层中的运移时间与流体流动速度有关，记为式(4-3)：

$$t=f(v) \tag{4-3}$$

流体的流动速率与注入流量相关，记为式(4-4)：

$$v=f(Q) \tag{4-4}$$

封堵目标层位孔喉需要的颗粒粒径为 D，封堵匹配系数为 Ψ_{T}，吸水膨胀体积倍数为 M，初始颗粒粒径为 D_0，则存在以下关系式(4-5)、式(4-6)：

$$D=R\cdot\Psi_{\mathrm{T}} \tag{4-5}$$

$$D=D_0\cdot\sqrt[3]{M} \tag{4-6}$$

其中，互穿网络聚合体吸水膨胀体积与膨胀时间关系见图 2-26，其关系记为式(4-7)：

$$M=f(t) \tag{4-7}$$

根据式(4-1)计算得到渗透率 K，进一步通过式(4-2)得到目标封堵处的孔喉尺寸 R。根据式(4-5)得到封堵匹配的溶胀平衡后的颗粒粒径 D。根据式(4-4)得到颗粒运移速度，进一步根据目标层深度(距离井的距离 L)和式(4-3)得到颗粒运移时间 t。根据图 2-26 或式(4-7)得到体积膨胀倍数，进一步通过之前计算得到的溶胀平衡后的颗粒粒径 D 和式(4-6)得到封堵匹配调控的互穿网络聚合体堵剂颗粒粒径 D_0。计算流程图见图 4-18。

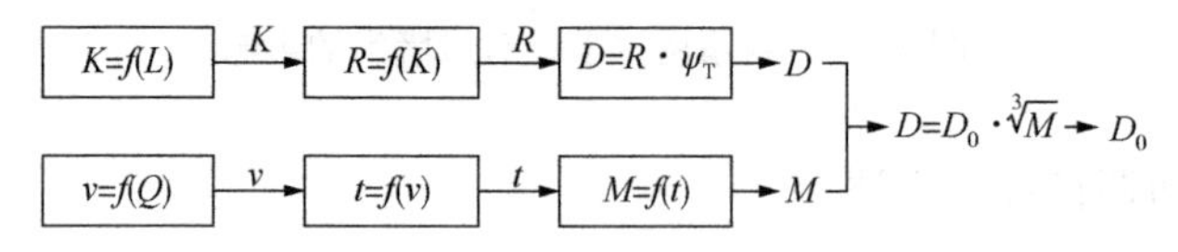

图 4-18　互穿网络聚合体颗粒封堵匹配调控粒径计算方法

由前阐述分析总结，互穿网络聚合体颗粒封堵调控非均质储层，渗透率级差>5，封堵半径≥0.5m 时可保证良好的封堵调控效果。

4.2.2　裂缝封堵调控方法

(1) 裂缝调控开度级差

将裂缝开度级差定位为大开度裂缝与小开度裂缝的开度比值。裂缝调控过程为颗粒堵剂进入大开度裂缝实现架桥卡堵，调整液流分流量进入小开度裂缝，在进行裂缝封堵调控时，粒径匹配选择至关重要，既要封堵大开度裂缝，又要防止颗粒进入小开度裂缝造成封堵。因此，选择封堵调控的颗粒粒径应当与大开度裂缝适配(图3-26中的区域Ⅱ)，同时又要保证颗粒不进入小开度裂缝(图3-26中的区域Ⅰ)，如图4-19所示。

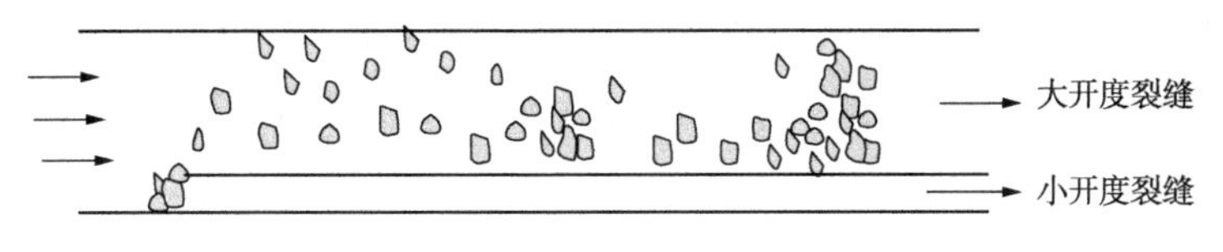

图4-19 颗粒封堵匹配最佳选择示意图

根据3.3.2中互穿网络聚合体颗粒封堵裂缝的封堵匹配系数为0.49～0.95，为保护小开度裂缝，不让堵剂颗粒进入造成伤害，并且能够封堵大开度裂缝，需要的裂缝开度级差应当>0.95/0.49(≈2)。

(2) 裂缝有效封堵方式

在颗粒与裂缝卡堵匹配实验中发现，虽然颗粒可以在裂缝中形成卡堵，但是封堵强度不高。颗粒在裂缝中卡堵后，裂缝中流体流动方式由缝流变为多孔介质渗流。不同注入速度下的注入压力曲线见图4-20。在颗粒形成卡堵后(流量>4mL/min)，渗流注入压力、注入量(颗粒充填量)与注入速度之间满足Darcy公式(式3-2)。

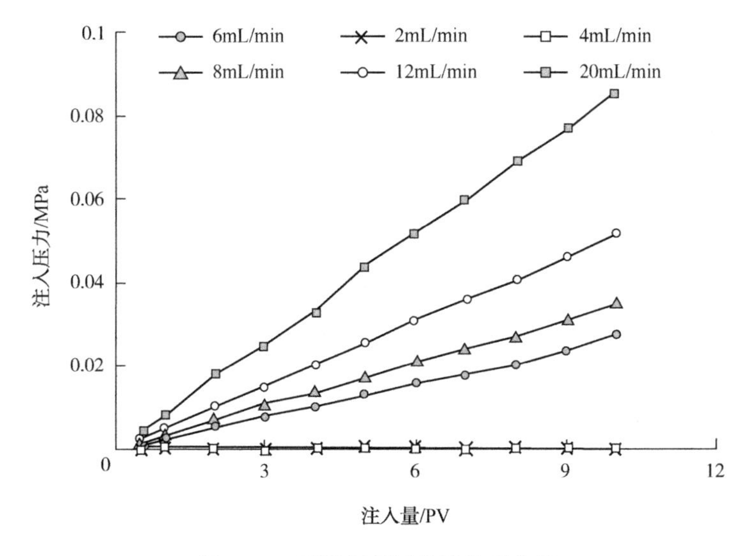

图4-20 裂缝封堵后渗流关系曲线

基于颗粒封堵孔喉实验结果，提出采用裂缝初级卡堵、后续多级孔喉封堵的有效封堵裂缝的方法。颗粒堵剂多级架桥封堵实验示意图见图4-21，其中段塞与后段塞可以是一个段塞，也可以是两个以上段塞，具体段塞数量设计需要依据封堵裂缝的强度，需要封堵裂缝的强度越大，多级段塞数量越多，实际应用中，多级段塞数量一般不超过3个，即前置初级架桥段塞，中间孔喉封堵段塞，后置强化封堵强度段塞。

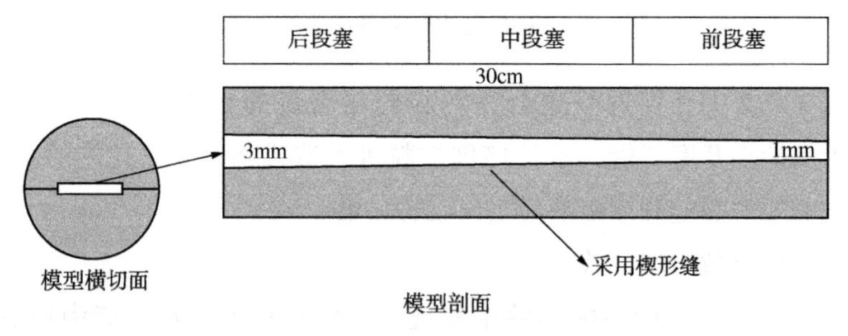

图4-21　颗粒多级架桥封堵示意图

前置初级架桥段塞根据裂缝卡堵规律与卡堵匹配系数选择堵剂颗粒，进行一级卡堵；初级卡堵后满足达西公式，根据砂岩孔喉封堵匹配系数(常用1/3架桥理论)进行二级封堵，即中间孔喉封堵段塞；根据砂岩孔喉封堵匹配系数与二级封堵颗粒大小，进行后续段塞，直至达到要求封堵压力，即后置强化封堵强度段塞。

1) 互穿网络体弹性颗粒封堵

选择互穿网络弹性颗粒堵剂进行多级封堵实验。前段塞颗粒较大，为方便实验，采用预置充填的方式。实验结果见表4-3。

表4-3　互穿网络聚合体颗粒多级封堵裂缝实验结果

堵　剂	前段塞粒径/目	中段塞粒径/目	后段塞粒径/目	起压/MPa
互穿网络聚合体颗粒	20~40	—	—	0.1
互穿网络聚合体颗粒	20~40	40~60	—	0.4
互穿网络聚合体颗粒	20~40	40~60	80~100	1.0

由表4-3可知，每多一级架桥，封堵强度会增加，但总体封堵强度不高。主要是由于互穿网络聚合体颗粒的弹性形变特性，在裂缝中卡堵后容易失稳，注入端压力大时容易从出口端变形流出(图4-22)。

(a)堵剂颗粒在裂缝中失稳

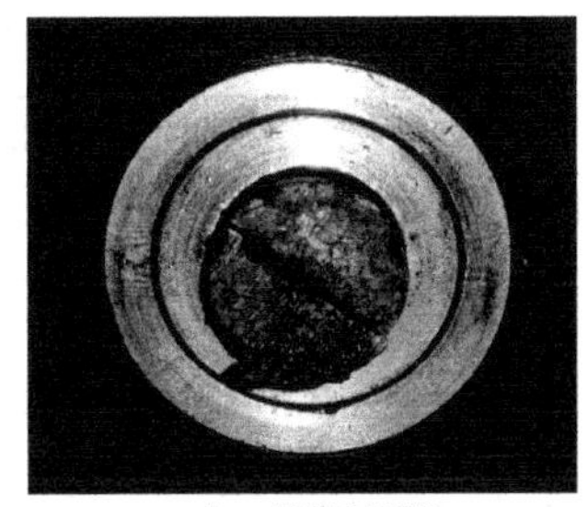

(b)出口端堵剂颗粒

图 4-22　互穿网络聚合体颗粒封堵裂缝实验图
（彩图见书后附录）

2）刚性颗粒封堵

选择陶瓷球刚性颗粒堵剂进行多级封堵实验。前段塞颗粒较大，且陶瓷球颗粒悬浮效果较差采用预置充填的方式。实验结果见表 4-4。

表 4-4　刚性颗粒多级封堵裂缝实验结果

堵剂	前段塞粒径/目	中段塞粒径/目	后段塞粒径/目	起压/MPa
刚性颗粒	30~40	—	—	<0.1
刚性颗粒	30~40	40~100	80~120	>10

由表 4-4 可知，刚性颗粒经过多级封堵后，封堵强度大(图 4-23)。但在实验过程中发现，刚性颗粒悬浮性较差，另外，刚性颗粒不可变形，注入性与运移性是施工过程中需要注意的一个问题。

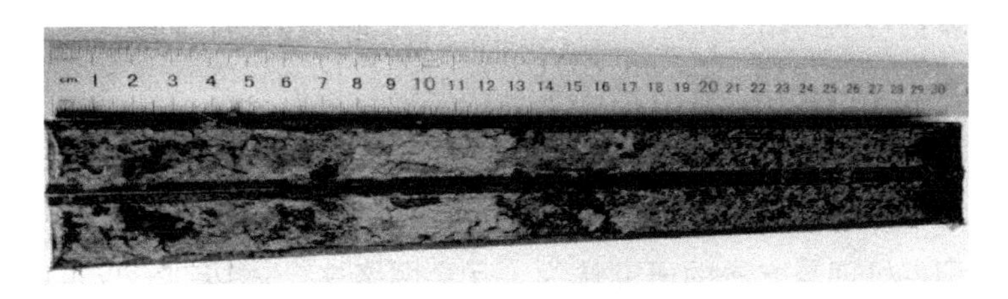

图 4-23　刚性颗粒封堵裂缝实验图
（彩图见书后附录）

3）刚性颗粒+弹性颗粒封堵

选择刚性颗粒与互穿网络聚合体弹性颗粒组合进行多级封堵实验。前段塞采用刚性颗粒，后续段塞采用互穿网络弹性颗粒。前段塞颗粒、中段塞颗粒较大，采用预置充填的方式，后段塞注入。实验结果见表 4-5。

表 4-5 刚性颗粒+弹性颗粒多级封堵裂缝实验结果

封堵方式	前段塞粒径/目	中段塞粒径/目	后段塞粒径/目	起压/MPa
刚性颗粒+弹性颗粒段塞堵剂体系	30~40 刚性颗粒	40~60 弹性颗粒	80~120 弹性颗粒	>12 —

由表 4-5 可知，刚性颗粒+互穿网络聚合体弹性颗粒多级封堵强度高。刚性颗粒形成初级架桥，由于不易变形，架桥后不易失稳，互穿网络弹性颗粒运移性好，能够进一步封堵刚性架桥后的孔喉结构，提高封堵强度。因此，刚性颗粒+互穿网络弹性颗粒多级封堵方式效果最佳。

(3) 封堵调控计算方法

裂缝封堵调控时，前置段塞的刚性颗粒粒径要与裂缝开度具有良好的封堵匹配性，其卡堵匹配系数为弹性颗粒卡堵匹配时的封堵匹配系数与卡堵压力所对应的弹性系数的乘积。即根据互穿网络聚合体卡堵裂缝时的卡堵压力，结合图 3-7 弹性系数曲线，计算出压缩弹性系数；再根据图 3-24 查出卡堵匹配系数；两者的乘积可作为刚性颗粒与裂缝的卡堵匹配系数。由于弹性颗粒在裂缝中卡堵后所形成的封堵压力较小(实验结果一般<0.1MPa)，弹性颗粒压缩形变量小，其弹性颗粒在裂缝中的卡堵匹配系数与刚性颗粒卡堵匹配系数差别不大。选取刚性颗粒封堵匹配系数时，可采用弹性颗粒卡堵匹配系数的非边界值即可。

因刚性颗粒卡堵裂缝后，形成的是具有孔喉的多孔介质结构，因此互穿网络聚合体颗粒的封堵匹配刚性颗粒架桥后的孔喉计算方法同前。

由前阐述分析总结，互穿网络聚合体颗粒封堵调控非均质裂缝时，裂缝开度级差>2 可实现颗粒封堵大裂缝而保护小裂缝的目的。

基于制备的互穿网络聚合体堵剂体系特性，通过对弹性颗粒封堵作用机制、封堵调控机理与方法的研究认为，互穿网络聚合体堵剂不仅可以应用于多孔介质与裂缝储层的调剖堵水领域，针对其性能特性，也可应用于储层屏蔽暂堵保护、压裂暂堵转向、钻井工程防漏堵漏等技术领域，同时颗粒粒径与孔喉、裂缝的封堵匹配方法也可为以上领域的应用提供技术支撑。

参 考 文 献

[1] 熊春明，唐孝芬．国内外堵水调剖技术最新进展及发展趋势[J]．石油勘探与开发，2007(1)：83-88.

[2] 白宝君，李宇乡，刘翔鹗．国内外化学堵水调剖技术综述[J]．断块油气田，1998(1)：1-4.

[3] 李宇乡，唐孝芬，刘双成．我国油田化学堵水调剖剂开发和应用现状[J]．油田化学，1995(1)：88-94.

[4] 李宜坤，李宇乡，彭杨，等．中国堵水调剖60年[J]．石油钻采工艺，2019，41(6)：773-787.

[5] 郭睿，王宁，韩双，等．羟甲基木质素磺酸钠对聚丙烯酰胺弱凝胶的改性[J]．应用化工，2019，48(4)：1-8.

[6] 张承丽，王鹏，宋国亮．高矿化度下弱凝胶体系调剖性能研究[J]．石油化工，2019，48(1)：59-64.

[7] 白宝君，周佳，印鸣飞．聚丙烯酰胺类聚合物凝胶改善水驱波及技术现状及展望[J]．石油勘探与开发，2015，42(4)：481-487.

[8] 林梅钦，郭金茹，徐凤强，等．大尺度交联聚丙烯酰胺微球微观形态及溶胀特性[J]．石油学报(石油加工)，2014，30(4)：674-681.

[9] 唐山，孙丽萍，蒲万芬，等．体膨颗粒深部调剖技术研究[J]．应用化工，2012，41(5)：771-773.

[10] 杨发，汪小宇，彭勃．预交联聚丙烯酰胺分散体系的制备及封堵特性评价[J]．石油学报(石油加工)，2015，31(1)：139-144.

[11] 耿超．互穿网络弹性颗粒调剖技术研究及效果评价[C]//2018油气田勘探与开发国际会议(IFEDC 2018)论文集．西安石油大学、陕西省石油学会，2018：7.

[12] 李光前．电控机械找堵水工艺技术研究[J]．石油矿场机械，2010，39(5)：43-45.

[13] 张国文，钱杰，刘凤，等．水平井控水完井管柱的研究与应用[J]．石油机械，2012，41(2)：41-44.

[14] 郑明科．低渗透油田堵水调剖技术研讨会论文集[C]．北京：石油工业出版社，2018.

[15] 曲兆选，王桂勋．乳化稠油选择性堵剂的室内研究[J]．石油钻探技术，2003(4)：56-58.

[16] 汪卫东，刘茂诚，程海鹰，等．微生物堵调研究进展[J]．油气地质与采收率，2007，14(1)：86-90.

[17] 汪卫东．微生物采油技术研究及试验[J]. 石油钻采工艺，2012，34(1)：107-113.

[18] Weber K J，Dronkert H. Screening criteria to evaluate the development potential of remaining oil in mature fields[R]. SPE57873. 1999.

[19] 雷占祥．常规稠油厚油层高含水期聚合物-微凝胶调驱规律研究[D]. 青岛：中国石油大学(华东)，2007.

[20] 付敏杰．不同韵律地层堵剂最佳投放位置的可视化模拟[D]. 青岛：中国石油大学(华东)，2014.

[21] Wu Z W，Yue X A，Li L F，et al. A new evaluation method of gel′s dynamic sealing characteristic in porous media[J]. Journal of Central South University，2014，21(8)：3225-3232.

[22] Yadav U S，Mahto V. In Situ Gelation Study of Organically Crosslinked Polymer Gel System for Profile Modification Jobs[J]. Arabian Journal For Science And Engineering，2014，39(6)：5229-5235.

[23] Hua Z，Lin M Q，Dong Z X，et al. Study of deep profile control and oil displacement technologies with nanoscale polymer microspheres[J]. Journal Of Colloid And Interface Science，2014，424：67-74.

[24] Feng Q H，Chen X C，Zhang G. Experimental and Numerical Study of Gel Particles Movement and Deposition in Porous Media After Polymer Flooding[J]. Transport In Porous Media，2013，97(1)：67-85.

[25] 赵修太，陈泽华，陈文雪，等．颗粒类调剖堵水剂的研究现状与发展趋势[J]. 石油钻采工艺，2015，37(4)：105-112.

[26] 熊春明，唐孝芬．国内外堵水调剖技术最新进展及发展趋势[J]. 石油勘探与开发，2007，34(1)：83-84.

[27] Du D J，Pu W F，Jin F，et al. Experimental investigation on plugging and transport characteristics of Pore-Scale microspheres in heterogeneous porous media for enhanced oil recovery[J]. Journal Of Dispersion Science And Technology，2021，42(8)：1152-1162.

[28] Kumar A，Mahto V，Sharma V P. Development of fly ash reinforced nanocomposite preformed particle gel for the control of excessive water production in the mature oil fields[J]. Oil & Gas Science And Technology-Revue D Ifp Energies Nouvelles，2019，74(8)：1-10.

[29] 李宇乡，刘玉章，白宝君，等．体膨型颗粒类堵水调剖技术的研究[J]. 石油钻采工艺，1999，21(3)：65-68.

[30] 白宝君，刘伟，李良雄，等．影响预交联凝胶颗粒性能特点的内因分析[J]. 石油勘

探与开发，2002，29(2)：103-105.

[31] 吴应川，白宝君，赵化廷，等．影响预交联凝胶颗粒性能的因素分析[J]．油气地质与采收率，2005，12(4)：55-57.

[32] 王富华，蒋生健，蒋官澄，等．抗高温的遇水膨胀型交联聚合物凝胶颗粒选择性堵水剂JAW[J]．油田化学，1996(4)：36-38.

[33] 唐孝芬，刘玉章，杨立民，等．缓膨高强度深部液流转向剂实验室研究[J]．石油勘探与开发，2009，36(4)：494-497.

[34] 魏发林，叶仲斌，岳湘安，等．高吸水树脂颗粒调堵剂胶囊化缓膨方法研究[J]．油气地质与采收率，2005，12(6)：74-77.

[35] Al-Ibadi A，Civan F. Experimental investigation and correlation of treatment in weak and high-permeability formations by use of gel particles[R]. SPE 153557，2013.

[36] Imqam A，Bai B J，Ramadan M A，et al. Preformed-particle-gel extrusion through open conduits during conformance-control treatments[R]. SPE 169107，2014.

[37] 赵修太，白英睿，高元，等．高效聚合物调驱体系的实验研究[J]．精细石油化工进展，2011，12(9)：1-5.

[38] Bai B J，Liu Y Z，Coste J P，et al. Preformed particle gel for conformance control：transport mechanism through porous media [J]. SPE Reservoir Evaluation and Engineering，2007，10(2)：176-184.

[39] 周元龙，姜汉桥，王川，等．核磁共振研究聚合物微球调驱微观渗流机理[J]．西安石油大学学报(自然科学版)，2013，28(1)：70-75.

[40] Yao C J，Lei G L，Hou J，et al. Enhanced oil recovery using micron-size polyacrylamide elastic microspheres：Underlying mechanisms and displacement experiments. Industrial & Engineering Chemistry Research [J]. 2015，54(43)：10925-10934.

[41] 于国栋，张立明，王德智，等．裂缝型低渗透砂岩油藏调剖剂[J]．石油钻采工艺，2004，26(3)：65-68.

[42] Pablo A，Paez Y，Jorge L M. New attempt in improving sweep effieiency at the mature Kol-uel Kaike and Piedra Clavada water flooding projects [R]. SPE107923，2007.

[43] James P，Harry F. Field applieation of a new in-depth waterflood confor，ante improvement tool [R]. SPE 84897，2005.

[44] Chauveteau G，Tabary R. Controlling insitu genlation of polyacrylamides by zirconium for water shutoff [R]. SPE50752，1999.

[45] Chauveteau G. New size-controlled microgels for oil production [R]. SPE 64988，2001.

[46] Roussennac B D，Toschi C. Brightwater trial in salema field(Campos Basin，Brazil)[R].

SPE Europec/Eage annual conference and exhibition. Society of Petroleum Engineers, 2010.
[47] Fethi G, Kaddour K, Tesconi M, et al. EI Borma-Bright water-tertiary method of enhanced oil recovery for a mature field [R]. SPE Production and Operations Conference and Exhibition. Society of Petroleum Engineers, 2010.
[48] Izgec O, Shook G M. Design considerations of waterflood conformance control with temperature-triggered, low-viscosity submicron polymer [J]. SPE Reservoir Evaluation & Engineering 2012, 15(5): 533-540.
[49] Garmeh G. Thermally active polymer to improve sweep efficiency of waterfloods: simulation and pilot design approaches [J]. SPE Reservoir Evaluation & Engineering. 2012, 15(1): 86-97.
[50] 杨胜建，王家禄，刁海燕，等．常规稠油油藏水驱开发初期可动凝胶调驱效果——以华北油田泽 70 断块为例[J]．油气地质与采收率，2012，19(2)：57-59.
[51] 黎晓茸，张营，贾玉琴，等．聚合物微球调驱技术在长庆油田的应用[J]．油田化学，2012，29(4)：419-422.
[52] 宋伟．聚合物微球调剖先导性试验在青海尕斯油田 E3-l 油藏的研究与应用[J]．内蒙古石油化工，2011，12(17)：143-145.
[53] 袁文芳，刘秀珍，韦海洋，等．聚合物活性微球调驱在文 10 东块油藏的研究及应用效果[J]．内蒙古石油化工，2012，21(12)：122-125.
[54] 赵光，由庆，谷成林，等．多尺度冻胶分散体的制备机理[J]．石油学报，2017，38(7)：821-829.
[55] 崔洁．锆冻胶分散体调驱剂的制备与性能评价[J]．油田化学，2017，34(2)：259-264.
[56] 赵光．软体非均相复合驱油体系构筑及驱替机理研究[D]．青岛：中国石油大学(华东)，2016.
[57] 由庆．海上聚合物驱油田深部液流转向技术研究[D]．青岛：中国石油大学(华东)，2009.
[58] 陈长亮．橡胶粉与交联聚合物复合调剖体系实验研究[D]．大庆：东北石油大学，2016.
[59] 吴莎．橡胶颗粒与地层孔喉匹配关系研究与应用[J]．石油化工应用，2012，31(12)：21-24.
[60] 张雁．新型膨胀型树脂及橡胶微球的调堵适应性研究[D]．青岛：中国石油大学(华东)，2013.
[61] 赵修太，董林燕，付敏杰，等．橡胶—聚合物冻胶体系堵水适应性分析[J]．油气地

质与采收率，2014，21(6)：84-86.

[62] 邹正辉，吝拥军，李建雄，等．橡胶颗粒复合调剖体系在复杂断块油田的应用[J]．石油钻采工艺，2010，32(5)：94-97.

[63] 吴婷，文秀芳，皮丕辉，等．互穿网络聚合物的研究进展及应用[J]．材料导报，2009，23(5)：53-56.

[64] Sperling L H. Interpenetrating polymer networks and related materials[J]. Journal of Polymer Science：Macromolecular Raeviews，1977，12(1)：141-180.

[65] Daniel K，Sperling L H，Utracki L A. Interpenetrating Polymer Networks[M]. Washington：American Chemical Society，1994.

[66] 李翠霞，覃孝平．互穿聚合物网络凝胶调剖堵水剂的研究进展[J]．应用化工，2014，43(10)：1895-1898.

[67] Aalaie J，Vasheghani-Farahani E，Semsarzadeh M A，et al. Gelation and swelling behavior of semi-interpenetrating polymer network hydrogels based on polyacrylamide and poly (vinyl alcohol)[J]. Journal of Macromolecular Science，Part B，2008，47(5)：1017-1027.

[68] Aalaie J，Rahmatpour A，Vasheghani-Farahani E. Rheological and swelling behavior of semi-interpenetrating networks of polyacrylamide and scleroglucan [J]. Polymers for Advanced Technologies，2009，20(12)：1102-1106.

[69] Xin H，Chen H，Wang X，et al. Fabrication of the weak gel based on hydrolyzed polyacrylamide crosslinked by inorganic-organic mixed crosslinker [J]. Journal of Polymer Research，2013，20(12)：1-7.

[70] 刘永兵．新型流体转向剂-互穿网络(IPN)吸水凝胶的研究[D]．成都：西南石油大学，2006.

[71] 刘永兵，胡琴，宋文杰，等．互穿网络聚合物凝胶调驱剂研制[J]．西南石油大学学报(自然科学版)，2009，31(1)：137-140.

[72] 罗懿．水溶性酚醛树脂-水玻璃互穿网络结构耐温堵剂的合成与性能评价[J]．石油与天然气化工，2016，45(4)：55-58.

[73] 杨秀芬，刘庆普．PAM 胶乳 TDG-IR/TF-3 调剖技术研究[J]．油田化学，1992，9(2)：134-139.

[74] 赵秀兰．大港油田港东开发区调剖堵水区块治理[J]．油气采收率技术，1995，2(3)：32-40.

[75] 刘庆普，侯斯健，哈润华．互穿聚合物网络型油田堵水剂[J]．天津大学学报，1996，29(4)：475-481.

[76] 马涛．双组分 IPN/蒙脱土复合吸水材料深部液流转向剂研究[D]．北京：中国地质大

学，2009.
[77] 严永刚，孙华慧，周亚清，等．注水井调剖用网络互穿凝胶的研制[J]．化学工程师，2011，191(8)：52-55.
[78] 沈群，王健，董婉，等．低温互穿网络凝胶堵剂的研制与性能评价[J]．精细石油化工进展，2012，13(8)：25-27.
[79] 唐孝芬，刘玉章，杨立民，等．缓膨高强度深部液流转向剂实验室研究[J]．石油勘探与开发，2009，36(4)：494-497.
[80] 刘丽君，张含，张雪莹，等．聚丙烯酸类互穿聚合物网络高吸水性树脂的合成[J]．天津科技大学学报，2018，33(2)：43-48.
[81] 杨帆．聚乙烯醇/丙烯酸/丙烯酰胺高吸水树脂的制备及性能研究[D]．秦皇岛：燕山大学，2015.
[82] 陈行．聚丙烯酰胺交联微球的制备及性能研究[D]．天津：天津大学，2016.
[83] Barkman J H，Davidson D H. Measuring water quality and predicting well impairment[J]. Journal of Petroleum Technology，1972，24(6)：865-873.
[84] Abrams A. Mud design to minimize rock impairment due to particle invasion[R]. SPE 5713，1976.
[85] Muecke T W. Formation fines and factors controlling their movement in porous media[J]. Journal of Petroleum Technology，1979，31(2)144-150.
[86] Khatib Z I，Sanjan V. Theory and a 3D network model to predict matrix damage in sandstone formation[R]. SPE 19649 1989.
[87] Herzig J P，Leclerc D M，Le G P. Flow of suspensions through porous media-application to deep bed filtration [J]. Industrial and Engineering Chemistry，1970，62(5)：8-35.
[88] Chang F，Civan F. Modeling of formation damage due to physical and chemical interactions between fluids and reservoir rocks[R]. SPE 22856，1991.
[89] 罗向东，罗平亚．屏蔽式暂堵技术在储层保护中的应用研究[J]．钻井液与完井液，1992，9(2)：19-27.
[90] 黄立新，罗平亚．裂缝性储集层的屏蔽式暂堵技术[J]．江汉石油学院学报，1993，15(3)：53-56.
[91] 杨同玉，张福仁，孙守港．屏蔽暂堵技术中暂堵剂粒径的优化选择[J]．断块油气田，1996，3(6)：50-53.
[92] 赵福麟，张贵才，孙铭勤，等．黏土双液法调剖剂封堵大孔道的研究[J]．石油学报，1994，15(1)：56-65.
[93] 李克华，王春雨，赵福麟．颗粒堵剂粒径与地层孔径的匹配关系研究[J]．断块油气

田，2000，7(5)：24-25.

[94] Tran T V，Clvan F，Robb I. Correlating flowing time and condition for perforation plugging by suspended particles[R]. SPE 120473，2009.

[95] Bouhroum A，Civan F. A critical review of existing gravel-pack design criteria [J]. Journal of Canadian petroleum technology，1995，34(1)：35-40.

[96] Pritcheet J，Frampton H，Brinkman J，et al. Field application of a new in-depth water flood conformance improvement tool[R]. SPE 84897，2003.

[97] Bai B J，Liu Y Z，Coste J P，et al. Preformed particle gel for conformance control：transport mechanism through porous media[R]. SPE 89468，2004.

[98] Bai B J，Li L X，Liu Y Z，et al. Preformed particle gel for conformance control：factors affecting its properties and applications[R]. SPE 89389，2007.

[99] 雷光伦，李文忠，贾晓飞，等. 孔喉尺度弹性微球调驱影响因素[J]. 油气地质与采收率，2012，19(2)：41-43.

[100] Almohsin A，Bai B J，Imqam A，et al. Transport of nanogel through porous media and its resistance to water flow[R]. SPE 169078，2014.

[101] 梁守成，吕鑫，梁丹，等. 聚合物微球粒径与岩芯孔喉的匹配关系研究[J]. 西南石油大学学报(自然科学版)，2016，38(1)：140-145.

[102] 孙永周. 国外互穿聚合物网络的进展[J]. 塑料工业，1984(4)：2-4.

[103] 崔晓红. 驱油用预交联体的合成及应用研究[D]. 青岛：中国石油大学(华东)，2012.

[104] 丁其杰，解孝林. 耐温抗盐水膨体的研制[J]. 断块油气田，2003，10(1)：62-63.

[105] 王增宝，赵修太，陈栩泽，等. 基于架状结构内核的热采井内刚外柔颗粒堵剂研究及应用[J]. 西安石油大学学报(自然科学版)，2017，32(2)：86-92.

[106] 崔晓红. 驱油用预交联体的合成及应用研究[D]. 青岛：中国石油大学(华东)，2012.

[107] 董雯，张贵才，葛际江，等. 耐温抗盐水膨体调剖堵水剂的合成及性能评价[J]. 油气地质与采收率，2007(6)：72-75.

[108] 杨诗. 水膨体堵剂黏弹性测定方法及性能评价[D]. 青岛：中国石油大学(华东)，2016.

[109] 李宏. 水平井低密度化学防砂体系研究[D]. 青岛：中国石油大学(华东)，2012.

[110] 隋智慧. 氨基树脂的研究进展[J]. 皮革化工，2002，19(4)：10-14.

[111] 林建明，唐群委，吴季怀. 高强度 PAM/PVA 互穿网络水凝胶的合成[J]. 华侨大学学报(自然科学版)，2010，31(1)：41-48.

[112] 孙慧. 高强度PAA和PAM系互穿网络水凝胶的合成与性能研究[D]. 泉州：华侨大学，2008.

[113] 丁兆明，赵兴森. 锂镁皂土——一种稀缺矿种的形成机理和用途[J]. 地质与勘探，2000(4)：41-44.

[114] 牛全宇，蔡世民，胡显玉，等. 大孔道深部调剖封堵技术[J]. 钻采工艺，2003，26(1)：36-37.

[115] 崔国栋. 新型耐高温缓膨颗粒的研究[D]. 青岛：中国石油大学(华东)，2016.

[116] Flory P J. Principles of Polymer chemistry [M]. Cornell University Press，1953：577-593.

[117] Franson N M，Peppas N A. Influence of copolymer composition on non-fickian water transport through glassy copolymers [J]. Journal of Applied Polymer Science. 1983，28(4)：1299-1310.

[118] Kabra B G，Gehrke S H，Hwang S T. Modification of the dynamic swelling behavior of poly (2-hydroethyl methyacrylate) in water [J]. Journal of Applied Polymer Science，1991，42：2409.

[119] Aifrey T，Gurnee E F，Lioyd W G. Diffusion in glassy polymer [J]. Journal of Polymer Science，1966，12(1)：249-261.

[120] 侯文顺，杨宗伟. 高分子物理[M]. 北京：化学工业出版社，2004.

[121] Civan F. Reservoir formation damage-fundamentals，Modeling，Assessment and Mitigation [M]. 3rd ed. Burlington：Gulf Professional Publishing，2016.

[122] Gruesbeck C，Collins R E. Entrainment and deposition of fine particles in porous media [J]. Society of Petroleum Engineers Journal，1982，22(6)：387-401.

[123] Al-Ibadi A，Civan F. Experimental investigation and correlation of treatment in weak and high-permeability formations by use of gel particles [J]. SPE Production & Operations，2013，28(4)：387-401.

[124] 吴宁，张琪，曲占庆. 固体颗粒在液体中沉降速度的计算方法评述[J]. 石油钻采工艺，2000，22(2)：51-53.

[125] 王鸿勋，张琪. 采油工艺原理(修订本)[M]. 北京：石油工业出版社，1989：205-215.

[126] 耶格J C，库克N G W. 岩石力学基础[M]. 中国科学院工程力学研究所，译. 北京：科学出版社，1981.

[127] 洪楚侨，王雯娟，鲁瑞彬，等. 强水驱油藏渗透率动态变化规律定量预测方法[J]. 西南石油大学学报(自然科学版)，2018，40(5)：113-121.

[128] 杜庆龙. 长期注水开发砂岩油田储层渗透率变化规律及微观机理[J]. 石油学报, 2016, 37(9): 1159-1164.

[129] 刘显太. 中高渗透砂岩油藏储层物性时变数值模拟技术[J]. 油气地质与采收率, 2011, 18(5): 58-62.

[130] 张宪国, 刘玉从, 林承焰, 等. 低渗-致密气层渗透率核磁测井解释方法[J]. 中国矿业大学学报, 2019, 48(6): 1266-1275.

[131] 李伟峰, 刘云, 于小龙, 等. 致密油储层岩石孔喉比与渗透率、孔隙度的关系[J]. 石油钻采工艺, 2017, 39(2): 125-129.

[132] 王玉多. 储层孔隙度、喉道半径与渗透率之间的关系研究[J]. 石化技术, 2015, 22(10): 189.

附　　录

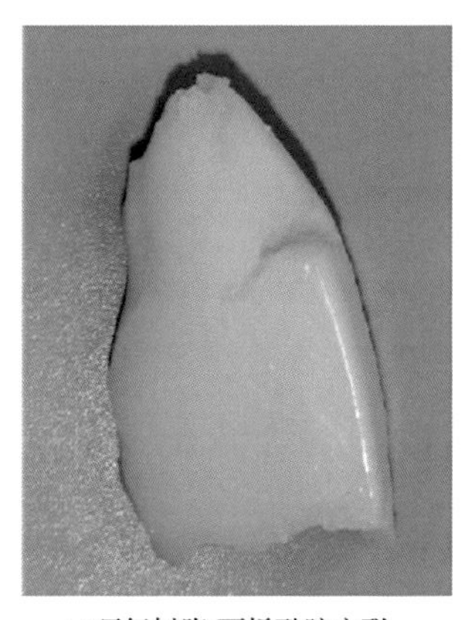

(a)环氧树脂/丙烯酰胺交联

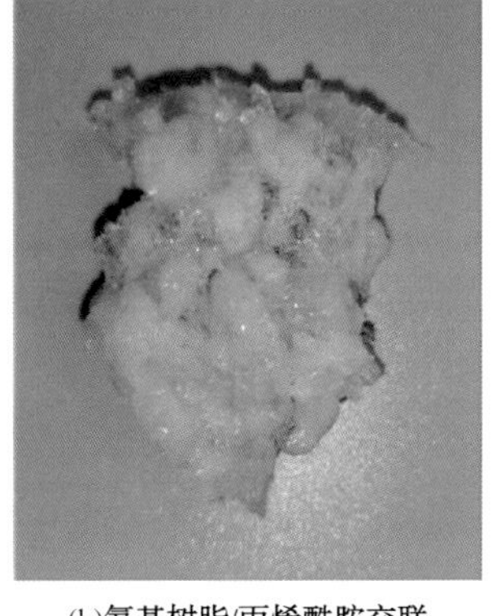

(b)氨基树脂/丙烯酰胺交联

(c)聚乙烯醇/丙烯酰胺交联

图 2-15　不同第一网络体制备的互穿网络聚合冻胶体

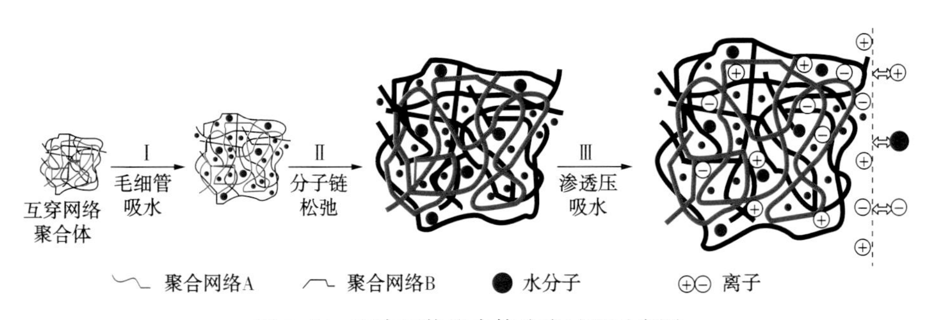

图 2-31　互穿网络聚合体溶胀过程示意图

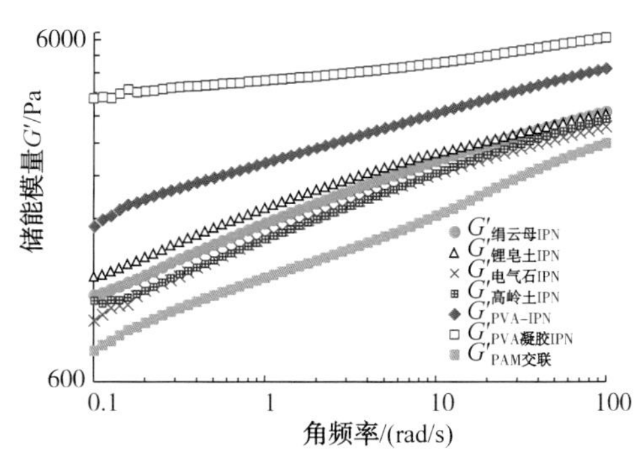

图 2-33　互穿网络聚合体储能模量 G' 对比

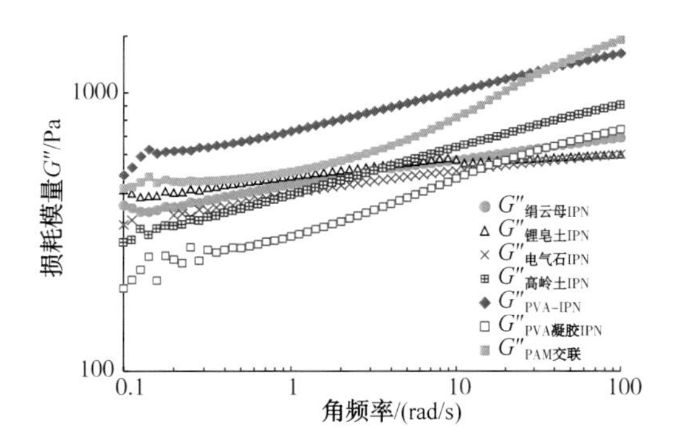

图 2-35　互穿网络聚合体损耗模量 G'' 对比

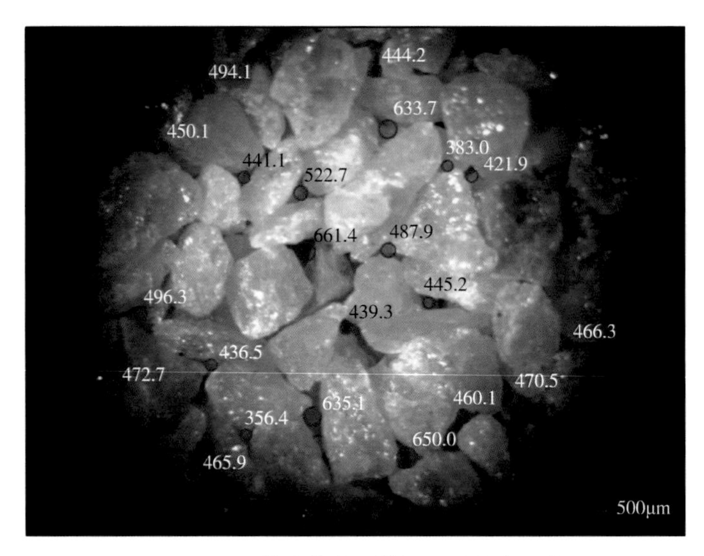

图 3-3　石英砂填制的模拟地层孔隙尺寸

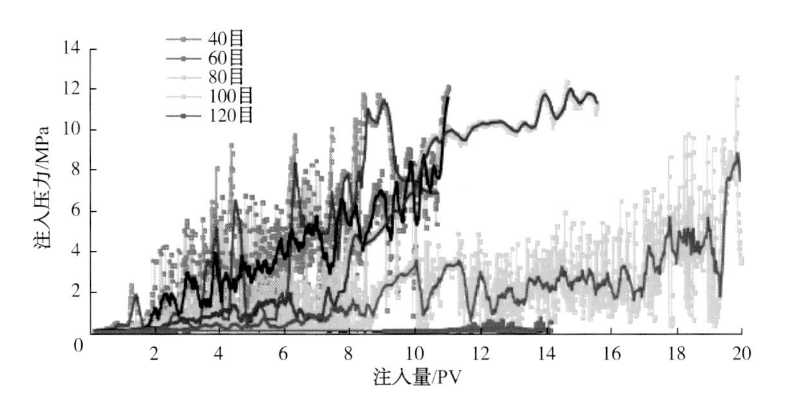

图 3-9　不同粒径互穿网络聚合体颗粒注入 $231\mu m^2$ 模拟地层的压力曲线

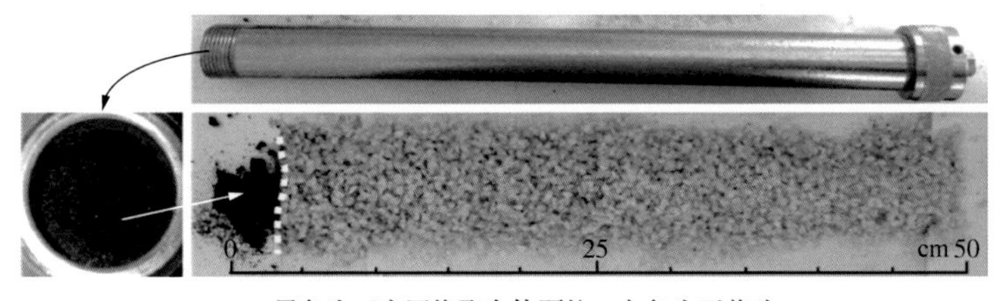

(黑色为互穿网络聚合体颗粒，白色为石英砂)

图 3-10　40 目互穿网络聚合体颗粒与 $231\mu m^2$ 模拟地层封堵匹配注入情况

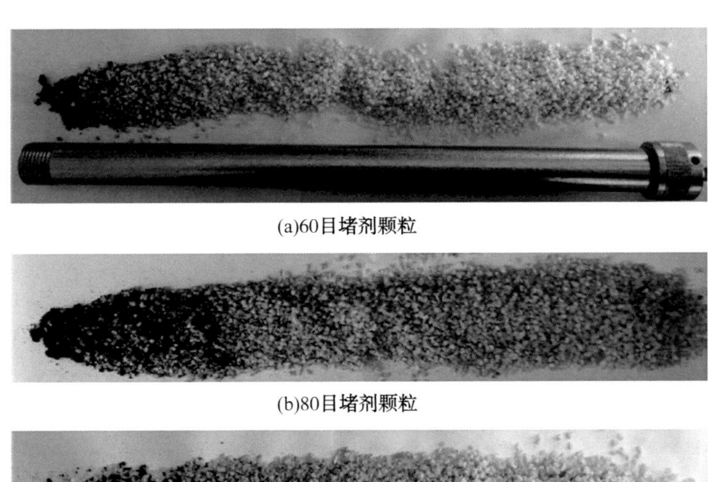

(a)60目堵剂颗粒

(b)80目堵剂颗粒

(c)100目堵剂颗粒

图 3-11　60 目、80 目、100 目互穿网络聚合体颗粒注入 231μm² 模拟地层颗粒运移情况

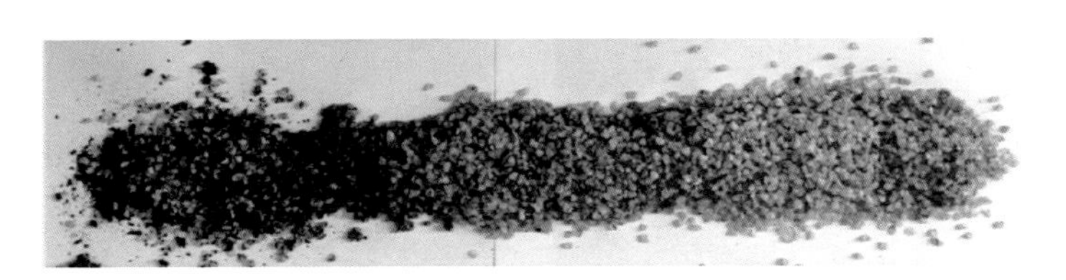

图 3-12　120 目互穿网络聚合体颗粒注入 231μm² 模拟地层颗粒运移情况

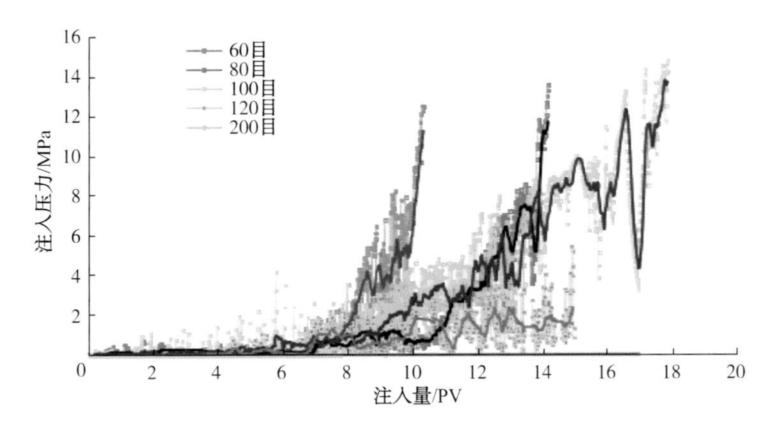

图 3-13　不同粒径互穿网络聚合体颗粒注入 87μm² 模拟地层的压力曲线

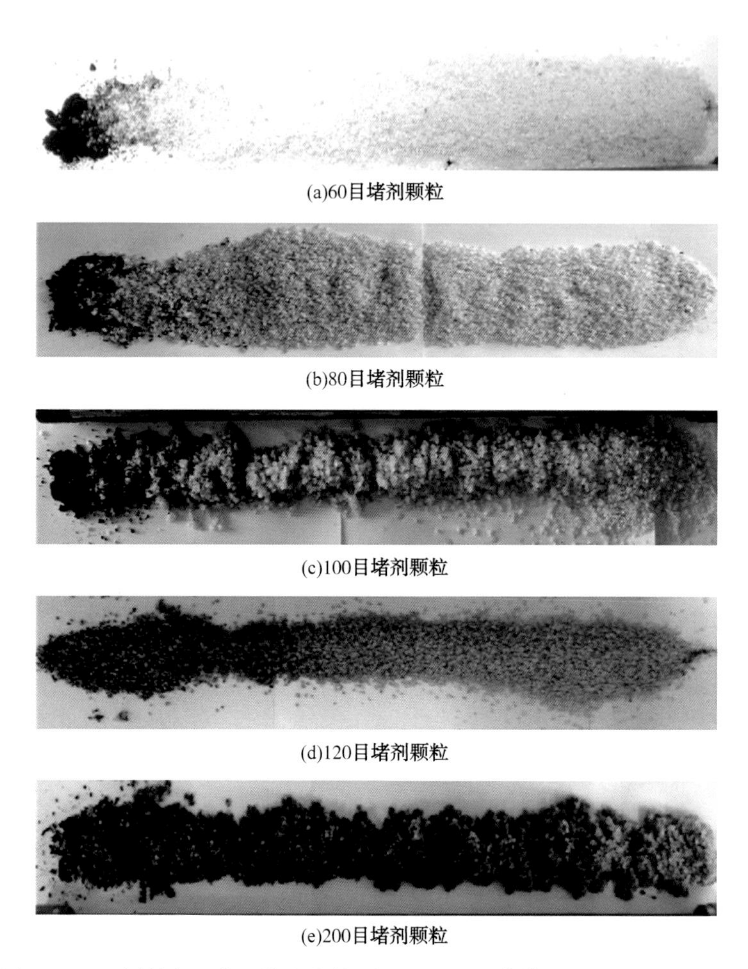

(a)60目堵剂颗粒

(b)80目堵剂颗粒

(c)100目堵剂颗粒

(d)120目堵剂颗粒

(e)200目堵剂颗粒

图 3-14　不同粒径互穿网络聚合体颗粒注入 87μm² 模拟地层颗粒运移情况

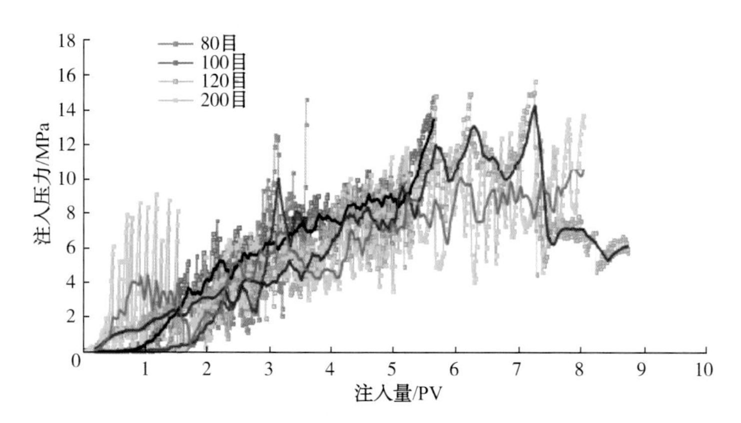

图 3-15　不同粒径互穿网络聚合体颗粒注入 52μm² 模拟地层的压力曲线